全国高等职业院校艺术设计类"十三五"规划教材

总主编／肖勇　傅祎

3ds Max室内环境效果图表现

（第3版）

主　编　刘新乐　付海娟

副主编　姜百涛　张玉燕

3DS MAX RENDERING FOR INTERIOR ENVIRONMENT

北京理工大学出版社

BEIJING INSTITUTE OF TECHNOLOGY PRESS

内容提要

本书共10章，包括3ds Max基础知识、二维建模、三维建模、环境的创建与渲染、会议室效果图表现、卧室灯光效果图表现、办公室效果图表现、酒吧效果图表现、书房黄昏效果图表现、作品欣赏等内容。本书编写思路清晰，结构合理，内容丰富，理论与实际相结合，具有较强的实用性。

本书既可作为高等职业院校艺术设计类专业教材，也可作为各类培训机构相关专业的教学用书。

图书在版编目（CIP）数据

3ds Max室内环境效果图表现 / 刘新乐，付海娟主编.—3版.—北京：北京理工大学出版社，2020.1（2020.2重印）

ISBN 978-7-5682-7737-2

Ⅰ.①3… Ⅱ.①刘… ②付… Ⅲ.①室内装饰设计－计算机辅助设计－三维动画软件－高等学校－教材 Ⅳ.①TU238.2-39

中国版本图书馆CIP数据核字（2019）第243096号

出版发行 / 北京理工大学出版社有限责任公司

社　　址 / 北京市海淀区中关村南大街5号

邮　　编 / 100081

电　　话 / （010）68914775（总编室）

　　　　　（010）82562903（教材售后服务热线）

　　　　　（010）68948351（其他图书服务热线）

网　　址 / http：//www.bitpress.com.cn

经　　销 / 全国各地新华书店

印　　刷 / 天津久佳雅创印刷有限公司

开　　本 / 889毫米×1194毫米　1/16

印　　张 / 10　　　　　　　　　　　　　　　　　　责任编辑 / 钟　博

字　　数 / 257千字　　　　　　　　　　　　　　　　文案编辑 / 钟　博

版　　次 / 2020年1月第3版　2020年2月第2次印刷　　责任校对 / 周瑞红

定　　价 / 58.00元　　　　　　　　　　　　　　　　责任印制 / 边心超

总序 GENERAL PREFACE ·················· ◎

20 世纪 80 年代初，中国真正的现代艺术设计教育开始起步。20 世纪 90 年代末以来，中国现代产业迅速崛起，在现代产业大量需要设计人才的市场驱动下，我国各大院校实行了扩大招生的政策，艺术设计教育迅速膨胀。迄今为止，几乎所有的高校都开设了艺术设计类专业，艺术类专业已经成为最热门的专业之一，中国已经发展成为世界上最大的艺术设计教育大国。

我们应该清醒地认识到，艺术和设计是一个非常庞大的教育体系，包括设计教育的所有科目，如建筑设计、室内设计、服装设计、工业产品设计、平面设计、包装设计等，而我国的现代艺术设计教育尚处于初创阶段，教学范畴仍集中在服装设计、室内装潢、视觉传达等比较单一的设计领域，设计理念与信息产业的要求仍有较大的差距。

为了适应信息产业的时代要求，中国各大艺术设计教育院校在专业设置方面提出了"拓宽基础、淡化专业"的教学改革方案，在人才培养方面提出了培养"通才"的目标。正如姜今先生在其专著《设计艺术》中所指出的"工业 + 商业 + 科学 + 艺术 = 设计"，现代艺术设计教育越来越注重对当代设计师知识结构的建立，在教学过程中不仅要传授必要的专业知识，还要讲解哲学、社会科学、历史学、心理学、宗教学、数学、艺术学、美学等知识，以便培养出具备综合素质和能力的优秀设计师。另外，在现代艺术设计教学中，设计方法、基础工艺、专业设计及毕业设计等实践类课程也越来越注重教学课题的创新。

理论来源于实践、指导实践并接受实践的检验，我国现代艺术设计教育的研究正是沿着这样的路线，在设计理论与教学实践中不断摸索前进。在具体的教学理论方面，十几年前或几年前的教材已经无法满足现代艺术教育的需求，知识的快速更新为现代艺术教育理论的发展提供了新的平台，兼具知识性、创新性、前瞻性的教材不断涌现。

随着社会多元化产业的发展，社会对艺术设计类人才的需求逐年增加，现在全国已有 1400 多所高校设立了艺术设计类专业，而且各高等院校每年都在扩招艺术设计专业的学生，每年的毕业生超过 10 万人。

随着教学的不断成熟和完善，艺术设计专业科目的划分越来越细致，涉及的范围也越来越广泛。我们通过查阅大量国内外著名艺术设计类院校的相关教学资料，深入学习各相关艺术设计类院校的成功办学经验，同时邀请资深专家进行讨论认证，发觉有必要推出一套新的，较为完整的、系统的专业院校艺术设计教材，以适应当前艺术设计教学的需求。

我们策划出版的这套艺术设计类系列教材，是根据多数专业院校的教学内容安排设定的，所涉及的专业课程主要有艺术设计专业基础课程、平面广告设计专业课程、环境艺术设计专业课程、动画专业课程等，同时还以不同专业为系列进行了细致的划分，内容全面、难度适中，能满足各专业教学的需求。

本套教材在编写过程中充分考虑了艺术设计类专业的教学特点，把教学与实践紧密结合起来，参照当今市场对人才的新要求，注重应用技术的传授，强调对学生实际应用能力的培养。每本教材都配有相应的电子教学课件或素材资料，以方便教学。

在内容的选取与组织上，本套教材以规范性、知识性、专业性、创新性、前瞻性为目标，以项目训练、课题设计、实例分析、课后思考与练习等多种方式，引导学生考察设计施工现场，学习优秀设计作品实例，力求使教材内容结构合理、知识丰富、特色鲜明。

本套教材在艺术设计类专业教材的知识层面上也有了重大创新，做到了紧跟时代步伐，在新的教育环境下，引入了全新的知识内容和教育理念，使教材具有较强的针对性、实用性及时代感，是当代中国艺术设计教育的新成果。

本套教材自出版后，受到了广大院校师生的赞誉和好评。经过广泛评估及调研，我们特意遴选了一批销量好、内容经典、市场反响好的教材进行了信息化改造升级，除了对内文进行全面修订外，还配套了精心制作的微课、视频，提供了相关阅读拓展资料。同时将策划选题中具有信息化特色、配套资源丰富的优质选题也纳入了本套教材中出版，以适应当前信息化教学的需要。

本套教材是对信息化教材的一种探索和尝试。为了给相关专业的院校师生提供更多增值服务，我们还特意开通了"建艺通"微信公众号，负责对教材配套资源进行统一管理，并为读者提供行业资讯及配套资源下载服务。如果您在使用过程中，有任何建议或疑问，可通过"建艺通"微信公众号向我们反馈。

中国艺术设计类专业的发展随着市场经济的深入将会逐步改变，也会随着教育体制的健全而不断完善，这个过程中出现的一系列问题还有待我们进一步思考和探索。我们相信，中国艺术设计教育的未来必将呈现百花齐放、欣欣向荣的景象！

肖 勇 傅 祎

"建艺通"微信公众

前言 PREFACE ·······················◎

　　3ds Max是Autodesk公司推出的一个基于PC平台、功能强大的三维设计制作软件，是设计行业中使用最为广泛的软件之一，也是世界上应用最广泛的三维建模、动画、渲染软件，广泛应用于室内效果图设计、游戏开发、角色动画、电影电视视觉效果等领域。

　　现阶段室内外效果图设计软件以3ds Max为主，以Photoshop为辅。设计师一般先利用3ds Max建立模型框架，制作并赋予材质，建立灯光、摄像机，设置渲染并输出，然后利用Photoshop进行后期处理，以达到最佳效果。

　　本书全面、系统地介绍了使用3ds Max中文版进行室内效果图设计的方法及技巧。全书共10章，第一至四章由浅入深、循序渐进地介绍了3ds Max基础知识、二维建模、三维建模、环境的创建与渲染等内容，第五至十章介绍了会议室效果图表现、卧室灯光效果图表现、办公室效果图表现、酒吧效果图表现、书房黄昏效果图表现、作品欣赏等内容。

　　本书第七、八、九章电子素材，请关注公众号"建艺通"后输入"效果图表现"获取。

　　本书根据高等职业院校基础课教学特点进行编写，注重理论与实践相结合，案例独特、来源于生活，比例、尺度、造型及色彩等设计元素的融入使表现效果更加细腻。其不仅能使学生掌握利用3ds Max进行室内效果图设计的流程和方法，而且能从根本上启发学生的创意思维，引领学生进入室内设计的殿堂。

　　为了使广大读者更好、更高效地学习，本书附有素材网站，提供了书中示例的所有场景文件及相应的贴图材质，供读者练习使用。本书还赠送材质贴图库和模型库，以及射灯、吊灯、灯槽等常用光域网文件，方便读者学习和使用。

　　由于时间仓促，编者水平有限，书中难免存在错误及疏漏之处，恳请广大读者批评指正，以便进一步改进和完善。

编　者

目录 CONTENTS

第一章 **3ds Max 基础知识** ……………001

1.1 3ds Max 系统界面 …………………001
1.2 文件的基本操作 ……………………007
1.3 3ds Max 单位的设置 ………………009
1.4 选择功能 ………………………………010
1.5 空间捕捉功能 ………………………011
1.6 对齐功能 ………………………………012
1.7 对象的属性 …………………………013
1.8 复制功能 ………………………………014

第二章 **二维建模** ………………………021

2.1 二维图形的创建 ……………………021
2.2 二维图形的修改 ……………………028
2.3 创建标准基本体 ……………………036

第三章 **三维建模** ………………………039

3.1 创建"挤出"对象 …………………039
3.2 创建"车削"对象 …………………040
3.3 创建"放样"对象 …………………043
3.4 FFD 修改器 …………………………047
3.5 可编辑多边形 ………………………050
3.6 贴图的坐标 …………………………059

第四章 **环境的创建与渲染** …………062

4.1 摄像机 …………………………………062
4.2 灯光 ……………………………………064
4.3 材质 ……………………………………070
4.4 渲染 ……………………………………073
4.5 图像的输出 …………………………077
4.6 V-Ray 渲染器设置与参数 …………078

第五章 **会议室效果图表现** …………082

5.1 会议室框架的制作 …………………083
5.2 会议室室内家具的制作 ……………085
5.3 材质的制作 …………………………096
5.4 灯光的制作 …………………………099
5.5 设置摄像机 …………………………101

第六章 **卧室灯光效果图表现** ………102

6.1 卧室框架的制作 ……………………102
6.2 卧室室内家具的制作 ………………111
6.3 合并室内家具 ………………………122
6.4 设置摄像机 …………………………123
6.5 材质的制作 …………………………124
6.6 灯光的制作 …………………………128

第七章 **办公室效果图表现** …………132

7.1 灯光的制作 …………………………132
7.2 材质的制作 …………………………135

第八章 **酒吧效果图表现** ……………137

8.1 灯光的制作 …………………………137
8.2 材质的制作 …………………………140

第九章 **书房黄昏效果图表现** ………142

9.1 灯光的制作 …………………………142
9.2 材质的制作 …………………………144

第十章 **作品欣赏** ………………………147

参考文献 ……………………………………154

第一章 | 3ds Max 基础知识

1.1 3ds Max 系统界面

图 1-1 所示为 3ds Max 的系统界面。

图 1-1 系统界面

1.1.1 标题栏

标题栏位于屏幕界面的最上方，用于管理文件和查找信息。

▶应用程序按钮：单击该按钮可显示【应用程序】菜单。

快速访问工具栏：主要提供管理场景文件的常用命令。

信息中心：可用于访问有关 3ds Max 和其他 Autodesk 产品的信息。

文档标题栏：用于显示 3ds Max 文档标题。

【知识拓展】认识 3ds Max

1.1.2 菜单栏

用户界面的最上面是菜单栏（图 1-2）。菜单栏由 12 个菜单项组成。

编辑(E) 工具(T) 组(G) 视图(V) 创建(C) 修改器(M) 动画(A) 图形编辑器(D) 渲染(R) 自定义(U) MAXScript(X) 帮助(H)

图 1-2 菜单栏

编辑:【编辑】菜单包含用于在场景中选择和编辑对象的命令。

工具:在 3ds Max 场景中,【工具】菜单包含用于更改或管理对象,特别是对象集合的命令。

组:【组】菜单包含将场景中的对象成组或解组的功能。

视图:【视图】菜单包含用于设置和控制视口的命令。为了便于使用,此菜单中的某些命令也存在于视口标签菜单中。

创建:【创建】菜单提供了一个创建几何体、灯光、摄影机和辅助对象的方法。该菜单包含各种子菜单。

修改器:【修改器】菜单提供了快速应用常用修改器的方法。该菜单包含一些子菜单。此菜单上各项的可用性取决于当前选择。如果修改器不适用于当前选定的对象,则在该菜单上不可用。

动画:【动画】菜单提供一组有关动画、约束和控制器以及反向运动学解算器的命令。此菜单还提供自定义属性和参数关联控件,以及用于创建、查看和重命名动画预览的控件。

图形编辑器:使用【图形编辑器】菜单可以访问用于管理场景及其层次和动画的图形子窗口。

渲染:【渲染】菜单包含用于渲染场景、设置环境和渲染效果、使用 Video Post 合成场景以及访问 RAM 播放器的命令。

自定义:【自定义】菜单包含用于自定义 3ds Max 用户界面(UI)的命令。

MAXScript:MAXScript 是 3ds Max 的内置脚本语言。它的主界面【MAXScript】菜单包含用于创建和处理脚本的命令。

帮助:通过【帮助】菜单可以访问 3ds Max 联机帮助以及其他学习资源。

菜单栏集中了 3ds Max 的主要功能,如文件管理、编辑、渲染等。它与标准 Windows 文件菜单的结构和用法基本相同,用户可以通过选择某个菜单项来执行相应的命令。

凡菜单项右边带有小三角箭头按钮的,均表明该选项还有子菜单选项(图 1-3)。

3ds Max 还提供了快捷菜单(图 1-4),通过快捷菜单可以更加方便地操作。快捷菜单中包含了与当前对象操作最相关的命令,从而无须按部就班地在菜单或命令面板中一层层地查找命令。

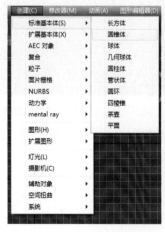

图 1-3 菜单项的子菜单选项

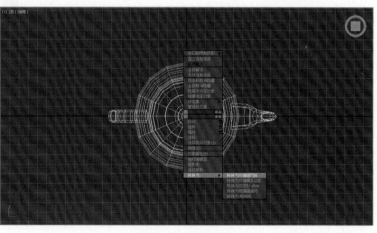

图 1-4 快捷菜单

1.1.3　工具栏

菜单栏下面是主工具栏，包括各种常用工具的快捷按钮，在 1 280×1 024 像素的分辨率下，工具按钮才能完全显示在主工具栏中，如图 1-5 所示。

图 1-5　主工具栏

当显示器分辨率低于 1 280×1 024 像素时，可以通过以下两种方法显示主工具栏中隐藏的工具按钮：

（1）将鼠标指针移到主工具栏空白处，当鼠标指针变成小手标志🖐时，按住鼠标左键并拖动，主工具栏会跟随鼠标指针移动显示。

（2）如果鼠标带有滚轮，则可在主工具栏的任意位置按住鼠标滚轮，这时鼠标指针变为小手标志🖐，拖动鼠标可显示其他工具按钮。

主工具栏中主要按钮的功能如下：

◩取消上一步操作；

◩重复最后被撤销的一步操作；

◩选择并连接，在制作动画时用于将子物体与父物体连接；

◩断开父物体与子物体的连接；

◩将物体绑定到空间扭曲；

◩选择过滤器列表；

◩选择物体；

◩用物体的名字来选择物体；

◩区域选择，拖动鼠标框出矩形来选择物体；

◩交叉选择切换；

◩移动物体；

◩旋转物体；

◩选择并均匀缩放；

◩参考坐标系；

◩把物体各自的枢轴点作为旋转、缩放等操作的中心；

◩选择并操纵；

◩键盘快捷键覆盖切换；

◩3D 捕捉；

◩角度捕捉切换；

◩百分比捕捉切换；

◩微调器捕捉切换；

◩命名选择集；

◩对所选物体进行镜像翻转；

◩对齐物体；

◩层管理器；

◩切换功能区；

◩曲线编辑器；

◩图解视图；

◩打开材质编辑器；

◩渲染设置；

◩渲染帧窗口；

◩渲染产品。

主工具栏上的按钮非常多，要想了解某个按钮的功能，则将鼠标指针移至按钮位置，其尾部就会出现该按钮的英文提示。另外，某些按钮的右下角带有小三角形符号，表明该按钮还包含相关的多重按钮，在该小三角形处按住鼠标左键，展开其他按钮，拖动鼠标就可以选择它们，图 1-6 列出了主工具栏上所有的多重按钮。

1.1.4　命令面板

系统界面的右侧为命令面板，这是 3ds Max 的主要工作区，也是它的核心部分，大部分的工具和命令都放置在这里，用于模型的创建、编辑和修改（图 1-7）。

在命令面板的最上方有 6 个按钮，可以切换 6 个基本命令面板，每个命令面板下为各自的命令内容。在 3ds Max 的默认状态下显示【创建】命令面板。

（1）【创建】命令面板。

单击【创建】按钮🔧，打开【创建】命令面板，其下有一排按钮，共 7 个，分别是 G（几何体）、S（图形）、L（灯光）、C（摄像机）、H（辅助物体）、S（空间扭曲）、S（系统），如图 1-8 所示。

（2）【修改】命令面板。

单击【修改】按钮🖊，打开【修改】命令面板。其下为当前被选择物体的名称和颜色，可以在这里修改物体的名称和颜色。【修改器列表】中列出了所有可用于当前选择的修改命令，并且分门别类，可以通过它们对当前模型进行修改和编辑。

在【修改器列表】下方记录了每次对物体进行的修改，按顺序进行操作，可以随时进入以前的某次修改中对不满意的部分进行修改，如图 1-9 所示。

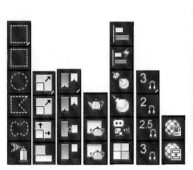

| 图1-6 多重按钮 | 图1-7 命令面板 | 图1-8 【创建】命令面板 | 图1-9 修改器列表 |

（3）【层级】命令面板。

单击【层级】按钮，将打开【层级】命令面板，通过该面板可以方便地对物体进行链接控制，提供正向运动和反向运动双向控制功能，使物体的动作表现更生动、更自然。

（4）【运动】命令面板。

单击【运动】按钮，将打开【运动】命令面板，利用该面板可以获得变换的动画关键帧数值，如位移、旋转和比例缩放等，它可以细微地控制和刻画动作的表现。

（5）【显示】命令面板。

单击【显示】按钮，将打开【显示】命令面板，3ds Max 中所有物体、图形、灯光、摄影机、辅助物体等的显示或隐藏状态均在这里控制。

注意：选中表示打开隐藏控制，即已经隐藏。

（6）【程序】命令面板。

单击【程序】按钮，将打开【程序】命令面板，此面板包含在 3ds Max 中运行的一般和外挂公用程序，很多独立运行的插件都安装在这里。

1.1.5 状态栏和提示栏

状态栏和提示栏位于屏幕的最底端，如图 1-10 所示。

图 1-10 状态栏和提示栏

"MAXScript 迷你侦听器"：是 MAXScript 侦听器窗口内容的一个单行视图。

状态行：显示选定对象的类型和数量。提示行上面 "选择锁定切换"可启用或禁用选择锁定。使用锁定选择可防止在复杂场景中意外选择其他内容。

相对 / 绝对变换输入：可以输入移动、旋转和缩放变换的精确值。

"坐标显示"区域：显示光标的位置或变换的状态，并且可以输入新的变换值。

栅格设置显示：显示栅格方格的大小。

提示行：位于状态行下方的窗口底部，可以基于当前光标位置和当前程序活动来提供动态反馈。如果有不知道的操作，可参阅此处的说明。

"添加时间标记"区域时间标记是文本标签，可以标记动画中的任何时间点。

1.1.6　视图区

视图区为主要的工作区，包括【顶视图】【前视图】【左视图】【透视图】，如图 1-11 所示。

切换这些视图有以下几种方法：

按快捷键，一般为视图英文单词的第一个字母的缩写，下面是各视图的快捷键：

T=Top（顶视图）；B=Bottom（底视图）；

L=Left（左视图）；R=Right（右视图）；

U=User（用户视图）；F=Front（前视图）；

K=Back（后视图）；C=Camera（摄像机视图）；

Shift+$（灯光视图）；W=Wide（满屏视图）。

将鼠标指针移至每个视图左上角视图名称处，在每个视图的左上角处都有 3 个选项，分别是【+】【透视】【真实】，可以通过单击鼠标的方式选择相应的视图命令。

（1）【+】：在弹出的快捷菜单中可以选择更改最大化视口、显示栅格等，如图 1-12 所示。

1）【最大化视口/最小化视口】：此项可最大化或最小化视口，它相当于"最大化视口"切换。键盘快捷键为"Alt+W"。

2）【活动视口】：允许从当前视口配置中可见视口的子菜单列表中选择活动视口。

3）【禁用视口】：防止视口使用其他视口中的更改进行更新。当禁用的视口处于活动状态时，其行为正常。然而，如果更改另一个视口中的场景，则在再次激活禁用视口之前不会更改其中的视图。使用此控件可以在处理复杂几何体时加快屏幕重画速度。键盘快捷键为 D。

4）【显示栅格】：切换主栅格的显示，不会影响其他栅格的显示。键盘快捷键为 G。

5）【ViewCube】：显示带有"ViewCube"显示选项的子菜单。

6）【SteeringWheels】：显示带有"SteeringWheels"显示选项的子菜单。

7）【xView】：显示"xView"子菜单。

8）【创建预览】：显示"创建预览"子菜单。

9）【配置视口…】：显示"视口配置"对话框。

10）【2D 平移缩放模式】（仅使用 Nitrous 显示的【摄影机】【透视】和【聚光灯】视图）：选择此选项可启用 2D 平移缩放模式。在 2D 平移缩放模式处于活动状态时，此菜单项旁边会出现一个复选标记，按钮将变为活动状态，并且其他视口标签菜单的右侧会出现一个附加的视口标签菜单。

（2）在弹出的【透视】快捷菜单中可以选择更改视图的显示方式等，如图 1-13 所示。

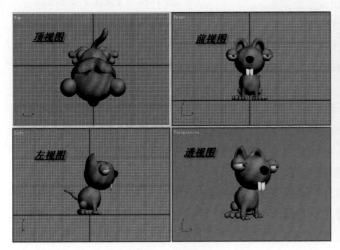

图 1-11　视图区

图 1-12　【+】弹出菜单

图 1-13　【透视】弹出菜单

1)【摄影机】：如果场景包含摄影机，则菜单会在子菜单中列出这些摄影机。选择摄影机名称可将视口更改为摄影机 POV。

2)【灯光】：如果场景包含聚光灯或平行光，则菜单会在子菜单中列出它们。选择灯光名称可将视口更改为灯光 POV。

3)【透视】：键盘快捷键为 P。

4)【正交】：键盘快捷键为 U。

5)【顶】：键盘快捷键为 T。

6)【底】：键盘快捷键为 B。

7)【前】：键盘快捷键为 F。

8)【左】：键盘快捷键为 L。

9)【扩展视口】：显示一个带有附加视口选项的【扩展视口】子菜单。

10)【显示安全框】：启用和禁用安全框的显示。在"视口配置"对话框中定义安全框。安全框的比例符合所渲染图像输出尺寸的宽度和高度。键盘快捷键为"Shift+F"。

11)【视口剪切】：可以采用交互方式为视口设置近可见性范围和远可见性范围。将显示在视口剪切范围内的几何体，不会显示该范围之外的面。这对于要处理使视图模糊细节的复杂场景非常有用。

12)【撤消视图 更改】：撤销上一次视图更改。键盘快捷键为"Shift+Z"。

13)【重做视图 更改】：要重做视图更改，请按快捷键"Shift+Y"。

（3）在弹出的【真实】快捷菜单中可以选择更改模型的显示方式，如图 1-14 所示。

1)【真实】：使用高质量明暗处理和照明为几何体增加逼真纹理。

2)【明暗处理】：使用 Phong 明暗处理对几何体进行平滑明暗处理。

3)【一致的色彩】：使用"原始"颜色对几何体进行明暗处理，忽略照明，出现阴影效果。

4)【隐藏线】：隐藏法线指向远离视口的面和顶点，以及被邻近对象遮挡的对象的任意部分，出现阴影效果。

图 1-14 【真实】弹出菜单

5)【线框】：在线框模式下显示几何体。

6)【边界框】：仅显示每个对象边界框的边。

7)【黏土】：将几何体显示为均匀的赤土色。此选项为建模人员提供了便利，尤其是对那些不想受到对象纹理困扰的角色建模人员。

8)【样式化】：打开子菜单，用于选择一个非真实照片级样式。

9)【显示选定对象】：打开一个能选择如何在明暗处理视口中显示选定几何体的子菜单。

10)【照明和阴影】：打开子菜单，其中包含用于在视口中进行照明和阴影预览的选项。

11)【材质】：显示带有材质显示选项的子菜单。

12)【视口背景】：打开子菜单，其中包含用于在视口中显示背景的选项。

13)【配置…】：打开【视口配置】对话框的"视觉样式和外观"面板。使用该选项，可以更改视觉样式并设置其他选项。

（4）视口布局。

可以通过视图区最左边的快捷按钮【创建新的视口布局选项卡】调整视图的布局，如图 1-15 所示。

在工作中可以依据场景的特点改变视图的布局，为制作提供更多的便捷。

1.1.7　视图控制区

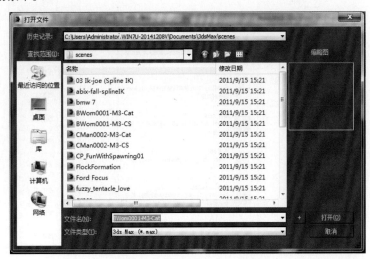

图 1-15　【标准视口布局】

系统界面的右下角为视图控制区，有 8 个控制视图的工具按钮（有些按钮中还包含多重按钮），用来提供对视图的各种操作。

（1）![icon]：控制视图的工具按钮组合；

（2）![icon]：单击该按钮，在任意视图上下拖动鼠标，可以拉近或推远视景；

（3）![icon]：缩放所有视图；

（4）![icon]：最大化显示选定对象；

（5）![icon]：在所有视图中最大化显示选定对象；

（6）![icon]：缩放选择区域；

（7）![icon]：平移视图；

（8）![icon]：变换调节视图；

（9）![icon]：最大化视口切换。

1.2　文件的基本操作

1.2.1　【打开】命令

使用【打开】命令可以从【打开文件】对话框中加载场景文件（max 文件）、角色文件（chr 文件）或 VIZ 渲染文件（drf 文件）到场景中。

在 3ds Max 中，一次只能打开一个场景。打开文件和保存文件是所有 Windows 应用程序的基本命令，这两个命令在标题栏菜单中。

在 3ds Max 中打开文件是一项非常简单的操作，只要执行【打开】![icon]→【打开文件】命令即可。发出该命令后会出现【打开文件】对话框（图 1-16），利用这个对话框可以找到要打开的文件。

图 1-16　【打开文件】对话框

1.2.2 【重置】命令

重置文件是指清除视图中的全部数据，恢复到系统初始状态（包括【视图划分设置】【捕捉设置】【材质编辑器】【背景图像设置】等）。

重置文件时可以单击【应用程序】按钮，在弹出的下拉菜单中选择【重置】命令，系统弹出重置文件提示信息，如图 1-17 所示。单击后弹出选择对话框，如确定重置则单击【是（Y）】按钮。

图 1-17　【重置】命令

1.2.3 【保存】【另存为】命令

【保存】命令可以通过覆盖上次保存的场景版本更新场景文件。如果先前没有保存场景，则此命令的工作方式与【另存为】命令相同。

【另存为】命令是以一个新的文件名称来保存当前场景，以便不改动旧的场景文件。

单击【应用程序】按钮，在弹出的下拉菜单中选择【保存】命令或【另存为】命令即可保存文件。

1.2.4 【导入】命令

【导入】命令用于将其他图形、图像软件中的对象导入 3ds Max，可以选择【导入】【合并】【替换】等命令，如图 1-18 所示。

1.2.5 【导出】命令

【导出】命令与【导入】命令的作用相反，用于将 3ds Max 高版本的对象导出，或用于其他图形、图像软件中，可导出的文件格式如图 1-19 所示。

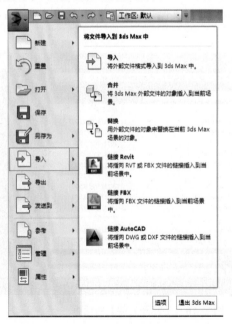

图 1-18　【导入】命令

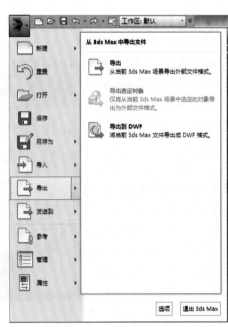

图 1-19　【导出】命令

1.2.6　暂存场景和取回保存的场景

除使用【保存】命令保存文件外，还可以在【编辑】菜单中选择【暂存】命令，将文件临时保存在磁盘上。临时保存完成后，就可以继续使用原来的场景工作或者装载一个新场景。要恢复使用【暂存】命令所保存的场景，可以执行【编辑】→【取回】命令，这样可以使用保存的场景取代当前的场景。使用【暂存】命令只能保存一个场景。

【暂存】命令的键盘快捷键为"Ctrl+Alt+H"；【取回】命令的键盘快捷键为"Ctrl+Alt+F"。

1.3　3ds Max 单位的设置

（1）执行【自定义】→【单位设置】命令，弹出【单位设置】对话框，选中【公制】单选按钮，在其下拉列表中选择【毫米】选项，如图 1-20 所示。

【单位设置】对话框中包括【显示单位比例】和【照明单位】两个选项区域，其中【显示单位比例】选项区域中包括 4 个单选项，分别是：

1）【公制】单选项：当这一选项被选中时，该选项的下拉列表框会被激活。下拉列表框中包括四个选项：【毫米】【公分①】【米】【公里②】。

2）【美国标准】单选项：其中包括英寸③等计量单位。

3）【自定义】单选项：在这一选项中可以对一个常规单位进行比例设定。

4）【通用单位】单选项：这是默认选项（英寸），它等于软件使用的系统单位。

（2）单击【单位设置】对话框中的【系统单位设置】按钮，将弹出【系统单位设置】对话框，在该对话框中单击【系统单位比例】下三角按钮，在打开的下拉列表中选择【米】选项，单击【确定】按钮，如图 1-21 所示。

图 1-20　【单位设置】对话框

图 1-21　【系统单位设置】对话框

---

① 1公分＝1厘米。

② 1公里＝1 000米。

③ 1英寸≈2.54厘米。

1.4　选择功能

选择功能是三维设计软件中最常用的功能。在对物体进行清除、移动或改变对象的属性等操作时必须首先选定对象，3ds Max 提供了几种不同的对象选择方式。

1.4.1　基本物体选择

3ds Max 有多种对象选择方法，最容易的方式是在一个视口中单击对象，选定的对象变成白色并且四周出现白色的选择框。

在工具栏中有 7 个可供选择物体的按钮，其中▣为单一选择工具，只具备单纯的选择功能。其余 6 个都具备双重选择功能，即在进行选择的同时还执行其他功能。

1.4.2　加选和减选选择

按住 Ctrl 键再单击，可以增加一个选择对象。
按住 Ctrl 键框选，可以增加多个选择对象。
按住 Alt 键再单击，可以减少一个选择对象。
按住 Alt 键框选，可以减少多个选择对象。

1.4.3　区域选择

通过主工具栏上的【窗口选择】按钮可以进行【窗口】和【交叉】两种选择方式的切换，具体功能如下：

（1）▣窗口：可以将选择框内的所有物体选中。

（2）▣交叉：可以将选择框内和与选择框相交的物体全部选中。

【窗口】和【交叉】方式的应用如图 1-22 所示。

还可以通过工具栏上选择区域的【选择】按钮改变轮廓线的形状，它们必须与【窗口】【交叉】按钮配合使用。

（3）▣矩形选择区域：将拖拽出的矩形区域作为选择框。

图 1-22　【窗口】和【交叉】方式的应用

（4）▣圆形选择区域：将拖拽出的圆形区域作为选择框。

（5）▣多边形选择区域：将拖拽出的任意不规则区域作为选择框。

（6）▣套索选择区域：它是 3ds Max 提供的一个新的区域选择方式，将拖拽出的任意不规则区域作为选择框。

（7）▣绘制选择区域：可通过将鼠标指针放在多个对象或子对象之上来选择多个对象或子对象。

1.4.4　通过名字和颜色选择

在工具栏中单击【按名称选择】按钮，或执行【编辑】→【选择方式】→【名称】命令，弹出【从场景选择】对话框，如图 1-23 所示。

在该对话框中，可以设置显示、排列和选择类型等。

注意：在作效果图的过程中要养成给所作的模型重新命名的好习惯。

1.5　空间捕捉功能

1.5.1　捕捉工具

捕捉工具分为【捕捉切换】【角度捕捉】和【百分比捕捉】工具，如图 1-24 所示。

单击【捕捉切换】按钮右下角的三角箭头，弹出其子工具列表，列表选项分别介绍如下：

（1）2D 捕捉——光标仅捕捉到活动构建栅格，包括该栅格平面上的任何几何体。将忽略 Z 轴或垂直尺寸。

（2）2.5D 捕捉——光标仅捕捉活动栅格上对象投影的顶点或边缘。

（3）3D 捕捉——这是默认设置。光标直接捕捉到 3D 空间中的任何几何体。3D 捕捉用于创建和移动所有尺寸的几何体，而不考虑构造平面。

用鼠标右键单击主工具栏中的【捕捉开关】按钮，弹出【栅格和捕捉设置】对话框，如图 1-25 所示。

该对话框中各复选项的含义如下：

（1）【栅格点】：捕捉栅格交点。

（2）【轴心】：捕捉对象的轴心。

（3）【垂足】：捕捉样条曲线与相对前一选定点垂直的点。

（4）【顶点】：捕捉网格物体的顶点或可转变为编辑网格的对象。

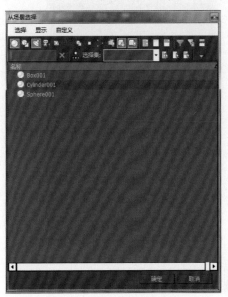

图 1-23　【从场景选择】对话框　　　图 1-24　捕捉工具　　　图 1-25　【栅格和捕捉设置】对话框

（5）【边 / 线段】：捕捉边界上的任一点，无论边界是否可见。

（6）【面】：捕捉某一面的点。

（7）【栅格线】：捕捉栅格线上的任意点。

（8）【边界框】：捕捉对象边界框的八个角。

（9）【切点】：捕捉样条曲线上与相对前一选定点相切的点。

（10）【端点】：捕捉边界或样条曲线的端点。

（11）【中点】：捕捉边界或样条曲线的中点。

（12）【中心面】：捕捉三角面的中心。

1.5.2 【角度】与【百分比】捕捉的设置

图 1-26 所示为【栅格和捕捉设置】对话框中的【选项】选项卡。

在【通用】选项区域可设置捕捉的各参考数值。【角度】选项用于捕捉进行旋转操作时的角度间隔，使对象或者视图按固定的增量值进行旋转，系统默认值为 5.0 度。角度捕捉配合旋转工具使用能准确定位。

【百分比】选项用于捕捉缩放或挤压操作时的百分比间隔，使比例缩放按固定的增量进行旋转，用于准确控制缩放的大小，系统默认值为 10.0%。

图 1-26 【选项】选项卡

1.6 对齐功能

单击工具栏上的【对齐】按钮 ，弹出图 1-27 所示的对话框。

利用该对话框中【对齐位置（世界）】选项区域中的 3 个复选框，可确定源物体沿哪些轴移动（相当于约束轴），以便与目标物体对齐。

（1）【当前对象】：设置当前对象的对齐方式。

（2）【目标对象】：设置目标对象的对齐方式。

（3）【对齐方向（局部）】：用于指定对齐的方向。

（4）【匹配比例】：把目标物体的缩放比例沿指定的坐标轴赋予当前物体，3 个复选框为对齐轴，可以任意选择。

（5）【最小】：表示将源物体对齐轴负方向的边框与目标物体中的选定部分对齐。

（6）【中心】：表示将源物体按几何中心与目标物体中的选定部分对齐。

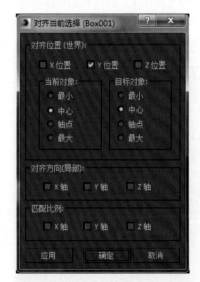

图 1-27 【对齐当前选择】对话框

（7）【轴点】：表示将源物体按轴点与目标物体中的选定部分对齐。

（8）【最大】：表示将源物体对齐轴正方向的边框与目标物体中的选定部分对齐。

可以发现【对齐】按钮右下角带有小三角形符号，这表明该按钮还包含其他相关的命令，单击小三角形符号，将展开其他按钮，移动鼠标指针并单击要选择的按钮即可。展开的按钮分别是：

（1）【快速对齐】按钮：单击该按钮可以快速地将两个物体的轴心点对齐。

（2）【法线对齐】按钮：单击该按钮可将两个对象按各自的法线方向对齐。

（3）【放置高光】按钮：通过对高光点的精确定位进行对齐。

（4）【对齐摄像机】按钮：将选择摄像机对齐目标对象所选择表面的法线。

（5）【对齐视图】按钮：单击该按钮将所选对象自身的坐标轴与激活视图的坐标轴对齐。

操作实例：

（1）随意创建一个长方体和一个圆柱体，如图1-28所示。

（2）在前视图中选择长方体，单击工具栏上的【对齐】按钮，然后单击圆柱体，会弹出图1-29所示的对话框。

（3）设置【对齐当前选择】对话框中的参数，如图1-29所示。在【对齐位置世界】选项区域中选中【X位置】复选框，表示在X轴上进行对齐；选中【Y位置】复选框，表示在Y轴上进行对齐；选中【Z位置】复选框，表示在Z轴上进行对齐。在【当前对象】选项组中选中【中心】单选项，在【目标对象】选项组中选中【中心】单选项，将使长方体的中心点与圆柱体的中心点对齐。

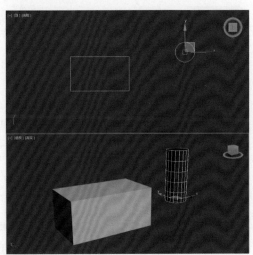

图1-28　创建物体

图1-29　【对齐当前选择】对话框

1.7　对象的属性

查看对象属性的方法如下：

选择对象，执行【编辑】→【对象属性】命令。

选择对象，用鼠标右键单击视图，再执行【变换】→【属性】命令。

执行完上述任一种命令，都将打开【对象属性】对话框（图1-30），可以查看和编辑所选对象的属性，检查对象的状态，设置和改变对象在视图与渲染中行为方式的多种参数。

图 1-30　【对象属性】对话框

1.8　复制功能

1.8.1　复制对象的操作

直接复制对象是最常用的操作，运用 Shift 键和移动工具、旋转工具、缩放工具都可以对物体进行复制。【克隆选项】对话框如图 1-31 所示。

【对象】选项组中包括【复制】【实例】【参考】3 个单选项。

（1）【复制】：复制后，源物体与复制物体之间没有任何关系，是完全独立的物体，相互间没有任何影响。

（2）【实例】：复制后，源物体与复制物体相互关联，对任何一个物体的参数修改都会影响复制的其他物体。

（3）【参考】：复制后，源物体与复制物体有一种参考的关系，对源物体进行参数修改，复制物体会受到同样的影响，但对复制物体进行修改不会影响源物体。

图 1-31　【克隆选项】对话框

1.8.2　利用镜像复制物体

在建模中需要创建两个对称的物体时，可以运用镜像复制命令。选择物体后，单击【镜像】按钮，将弹出【镜像：屏幕坐标】对话框，如图 1-32 所示。

（1）【镜像轴】：用于设置镜像的轴向，系统提供了 6 种镜像轴向。

（2）【偏移】：用于设置镜像物体和原始物体轴心的距离。

（3）【克隆当前选择】：用于确定镜像物体的复制类型。

1）【不克隆】：表示仅把原始物体镜像到新位置而不复制对象。

2）【复制】：表示把选中物体镜像复制到指定位置。

3）【实例】：表示把选中物体关联镜像复制到指定位置。

图 1-32　【镜像：屏幕坐标】对话框

4）【参考】：表示把选中物体参考镜像复制到指定位置。

使用镜像复制应该熟悉轴向的设置，选择物体后单击【镜像】工具，可以依次选择镜像轴，观察镜像复制物体的轴向。视图中的复制物体是随【镜像】对话框中镜像轴的改变而实时显示的，故选择合适的轴向后单击【确定】按钮即可实现镜像，单击【取消】按钮则取消镜像。图 1-33 所示为对一个物体镜像后的效果。

1.8.3　利用阵列复制物体

【作品欣赏】写字楼作品赏析

可以执行【工具】→【阵列】命令打开【阵列】对话框（图 1-34）。对对话框中的参数进行设置，可以对所选物体进行一维、二维、三维的阵列复制操作。

【阵列】对话框可以用来设置阵列的维度、偏移量和变换值。使用这些参数能够轻易地创建出对象阵列。

（1）【增量】：分别用来设置 X、Y、Z 三个轴向上阵列物体之间距离大小、旋转角度和缩放程度的增量。

（2）【总计】：分别用来设置 X、Y、Z 三个轴向上阵列物体之间距离大小、旋转角度和缩放程度的总量。

（3）【移动】：决定阵列物体在 X、Y、Z 轴方向复制的物体在这三个轴上移动的距离。

（4）【旋转】：决定阵列物体沿着这三个轴移动旋转的角度。

（5）【缩放】：决定阵列物体的缩放比例。

（6）【重新定向】：选中该复选框后，阵列物体围绕世界坐标轴旋转时也围绕自身坐标轴旋转。

（7）【均匀】：选中该复选框后，缩放的输入框禁用 Y、Z 轴向上的输入，可保持阵列物体不产生变形，而只进行等比缩放。

（8）【对象类型】：选中该复选框后，可设置产生阵列复制物体的属性，有【标准复制】【关联复制】及【参考复制】3 种。

（9）【阵列维度】：选中该复选框后，可添加阵列变换的维数。附加维数只作定位之用，未使用旋转和缩放。

1）【1D】：根据【阵列变换】选项组中的设置，创建一维阵列。

【计数】：指定在阵列第一维中对象的总数。对于 1D 阵列，此值即阵列中的对象总数。

2）【2D】：创建二维阵列。

【计数】：指定在阵列第二维中对象的总数。

【X】/【Y】/【Z】：指定沿阵列第二维的每个轴方向的增量偏移距离。

3）【3D】：创建三维阵列。

【计数】：指定在阵列第三维中对象的总数。

【X】/【Y】/【Z】：指定沿阵列第三维的每个轴向的增量偏移距离。

4）【数量】：设置阵列各维上对象的总数。

图 1-33　镜像效果

图 1-34　【阵列】对话框

（10）【阵列中的总数】：设置包括当前选中对象在内所要创建的对象总数。

（11）【重置所有参数】：单击此按钮，把所有参数恢复到默认设置。

应用阵列功能的具体步骤如下：

（1）创建一个物体，如图1-35所示。

（2）打开【层级】面板，激活【仅影响轴】选项，在前视图中用鼠标拖动轴向左移动，如图1-36所示。

（3）单击【附加】浮动工具栏上的【阵列】按钮，弹出【阵列】对话框，参数设定如图1-37所示。

（4）单击【预览】按钮可看到视图中的效果，如果满意，可单击【确定】按钮，如图1-38所示；如果不满意，可单击【重置所有参数】按钮，重新输入参数。

（5）最终效果如图1-39所示。

1.8.4 间隔工具

间隔工具可以帮助制作沿样条线排列的物体，图1-40所示为利用间隔工具制作的串珠效果。

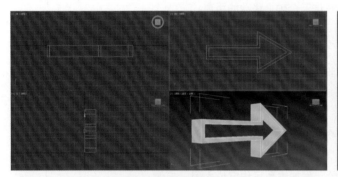

图1-35 创建物体

图1-36 拖动轴

图1-37 【阵列】对话框

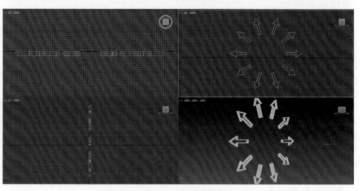

图1-38 预览阵列

图1-39 阵列最终效果

图1-40 串珠效果

使用间隔工具可以基于当前选择样条线或一对点定义的路径均匀分布对象,在【附加】浮动工具栏上用鼠标左键按住【阵列】按钮不放,在出现的下拉图标列表中选择【间隔工具】选项,弹出【间隔工具】对话框,如图 1-41 所示。

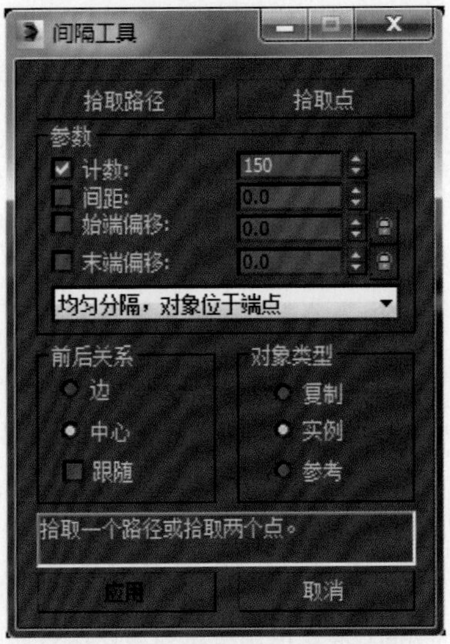

【间隔工具】对话框中各选项的功能如下:

(1)【拾取路径】按钮:单击该按钮,然后单击视口中的样条线以作为路径使用。该操作会将样条线用作分布对象所遵循的路径。

(2)【拾取点】按钮:单击该按钮,然后单击起点和终点在构造栅格上定义路径。也可以使用【对象捕捉】功能指定空间中的点。该软件使用这些点创建样条线作为分布对象所遵循的路径。使用完【间隔】工具后,该操作会删除此样条线。

(3)【参数】选项组:

1)【计数】:统计要分布的对象的数量。

图 1-41　【间隔工具】对话框

2)【间距】:指定对象之间的间距(以单位计)。该软件会根据所选择的是【边】还是【中心】来确定此间隔。

3)【始端偏移】:指定距路径始端偏移的单位数量。单击锁定图标,可针对间隔值锁定始端偏移值并保持该数量。

4)【末端偏移】:指定距路径末端偏移的单位数量。单击锁定图标,可针对间隔值锁定末端偏移值并保持该数量。

(4)【分布】下拉列表包含许多沿路径分布对象方式的选项,介绍如下:

1)【自由中心】:从路径始端开始,沿直线朝路径末端等距分布对象。样条线或一对点可定义路径,可以指定对象数量和间隔。

2)【均匀分隔,对象位于端点】:沿样条线分布对象。对象组以样条线的中间为中心。间隔工具根据指定的对象数量均匀地填充样条线,并确定对象之间的间隔。如果指定了多个对象,则在样条线的端点始终存在对象。

3)【居中,指定间距】:沿路径分布对象。对象组以路径的中间为中心。使用指定的间隔量,间隔工具将沿路径长度尽可能多地将对象均匀填充路径。路径端点是否有对象取决于路径长度以及提供的间隔。

4)【末端偏移】:沿直线分布指定数量的对象。对象从指定的偏移距离处开始分布。此距离是从样条线的端点到其起点,或者从一对点的第二个点到第一个点。也可以指定对象之间的间隔。

5)【末端偏移,均匀分隔】:在样条线或一对点的始端与指定的末端偏移之间,分布指定数量的对象。该软件始终将对象放置在末端或其偏移处。如果指定了多个对象,则在始端始终放有对象。间隔工具将在末端偏移与始端之间将对象均匀地填充。

6)【末端偏移,指定间距】:从末端或其偏移处开始,朝样条线或一对点的始端分布对象。该软件始终将对象放置在末端或其偏移处。可以指定对象之间的间隔以及距末端的偏移。间隔工具将在末端或其偏移与始端之间尽可能多地将对象均匀地填充该距离。在始端并非始终放有对象。

7)【始端偏移】:沿直线分布指定数量的对象。对象从指定的偏移距离处开始分布。此距离是从样条线的始端到其端点,或者从一对点的第一个点到第二个点。也可以指定对象之间的间隔。

8)【始端偏移,均匀分隔】:从指定的距始端的偏移处开始,在样条线或一对点的末端之间分布指定数量的对象。该软件始终将对象放置在始端或其偏移处。如果指定了多个对象,则在末端始终放有对象。间隔工具尝试在始端或其偏移与末端之间将对象均匀地填充。

9）【始端偏移，指定间距】：从始端开始，朝样条线或一对点的末端分布对象。该软件始终将对象放置在始端或其偏移处。可以指定对象之间的间隔以及距始端的偏移。间隔工具将在始端或其偏移与末端之间尽可能多地将对象均匀地填充。在末端并非始终放有对象。

10）【指定偏移和间距】：沿样条线或在一对点之间分布尽可能多的等距对象。可以指定对象之间的间隔。如果指定距始端和末端的偏移，则该软件会在这两个偏移之间分布等距对象。在始端和末端并非始终放有对象。

11）【指定偏移，均匀分隔】：沿样条线或在一对点之间分布指定数量的对象。如果指定一个对象，则该软件会将其置于路径的中央。如果指定两个对象，则该软件始终会在始端偏移和末端偏移上放置对象。如果指定两个以上的对象，则该软件会在上述偏移之间均匀地分布对象。

12）【从末端间隔，无限的】：从样条线或一对点的末端朝始端沿直线分布指定数量的对象。可以指定对象之间的间隔。该软件会锁定末端偏移，以便末端偏移与间隔相同。

13）【从末端间隔，指定数量】：从末端开始，朝样条线或一对点的始端分布指定数量的对象。间隔工具会根据对象数量以及样条线长度或一对点之间的距离来确定对象的间距。该软件会锁定末端偏移，以便末端偏移与间隔相同。

14）【从末端间隔，指定间距】：从末端开始，朝样条线或一对点的始端分布尽可能多的等距对象。可以指定对象之间的间隔。该软件会锁定末端偏移，以便末端偏移与间隔相同。

15）【从始端间隔，无限的】：从始端开始，朝样条线或一对点的末端沿直线分布指定数量的对象。可以指定对象之间的间隔。该软件会锁定始端偏移，以便始端偏移与间隔相同。

16）【从始端间隔，指定数量】：从始端开始，朝样条线或一对点的末端分布指定数量的对象。间隔工具会根据对象数量以及样条线长度或一对点之间的距离来确定对象的间距。该软件会锁定始端偏移，以便始端偏移与间隔相同。

17）【从始端间隔，指定间距】：从始端开始，朝样条线或一对点的末端分布尽可能多的等距对象。可以指定对象之间的间隔。该软件会锁定始端偏移，以便始端偏移与间隔相同。

18）【指定间距，匹配偏移】：沿样条线或在一对点（及其偏移）之间分布尽可能多的等距对象。可以指定间隔。该软件会锁定始端和末端偏移，以便这些偏移与间隔相同。

19）【均匀分隔，没有对象位于端点】：沿样条线或在一对点（及其偏移）之间分布指定数量的对象。间隔工具会确定对象之间的间隔。该软件会锁定始端和末端偏移，以便这些偏移与间隔相同。

（5）【前后关系】选项组：

1）【边】：使用该选项指定通过各对象边界框的相对边确定间隔。

2）【中心】：使用该选项指定通过各对象边界框的中心确定间隔。

3）【跟随】：使用该选项可将分布对象的轴点与样条线的切线对齐。

（6）【对象类型】选项组：

确定间隔工具创建的副本的类型。默认设置为"副本"。可以创建对象的副本、实例或参考。

1）【复制】：将选定对象的副本分布到指定位置。

2）【实例】：将选定对象的实例分布到指定位置。

3）【参考】：将选定对象的参考对象分布到指定位置。

操作实例：

（1）在顶视图创建一根平滑的二维样条曲线，调整好各个点的位置，如图1-42所示。

（2）创建一个半径为8的球体，并将球体放到曲线的起点位置，设置其X轴朝向曲线方向，如图1-43所示。

（3）选择球体模型，打开【间隔工具】对话框，单击【拾取路径】按钮后选择所画的样条线，将【计数】选项设置为150，选择【均匀分隔，对象位于端点】选项，在【前后关系】选项组中选

图 1-42　创建样条曲线　　　　　　　　　　　　　图 1-43　创建球体

中【中心】单选项，在【对象类型】选项组中选中【实例】单选项，如图 1-44 所示。

（4）完成设置后单击【应用】按钮，关闭【间隔工具】对话框，场景中出现了珍珠项链场景，最终效果如图 1-45 所示。

1.8.5　动画控制区

动画记录控制器能够实现动画记录、动画帧选择、动画时间设置、动画播放等功能。下面就动画记录控制器面板作简要介绍：

【动画开关记录器】：记录动画的关键帧信息，包括每个物体的位置、动作、变化等在视窗内的变化，激活后会变成红色。

【到开始的帧】：单击该图标，动画记录就回到 0 的帧。

【后入一帧】：单击该图标，可以使动画记录回到后面一帧【播放动画】，单击它就会开始播放设置的动画。

【到结束帧】：单击该图标，动画记录就到达最后的帧。

【关键帧模式开关和时间控制器】：可以在方框内输入要设置关键帧的帧数。

【时间构造】（也叫【时间配置器】）：用来设定动画的模式和总帧数，【帧率区域】中有4 个制式，我国用的是【P 制式】，就是 1 秒钟播放 25 帧，【N 制式】是外国制式，它 1 秒钟播放30 帧，【影片】也是 1 秒钟播放 30 帧。简单地讲，帧就是一张画，一帧就是一张画，1 秒钟连续放

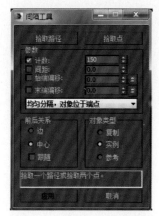

图 1-44　【间隔工具】对话框

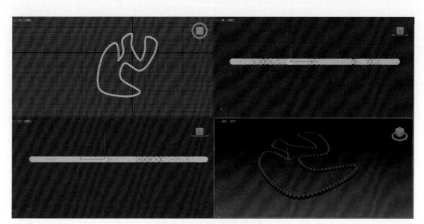

图 1-45　最终效果

25 帧，就可以说它在 1 秒钟内让人们看到 25 张画，这就是关于视觉的问题。利用【自定义】功能用户可以选择 1 秒钟播放的帧数。在【时间显示】区域，一般选择【帧】选项。对于【动画】区域：【启动时间】选项用来设置动画开始的时间。【长度】选项用来设置动画的帧数。【结束时间】选项用来设置动画在多少帧结束。

◎ 本章小结

从系统界面了解 3ds Max，它分为标题栏、菜单栏、工具栏、命令面板、状态栏和提示栏、视图区、视图控制区等几个部分以及每个部分的基本操作和控制领域。

◎ 思考与实训

一、思考题

1. 什么是三维动画？

2. 3ds Max 的整体界面布局是怎样的？

二、实训题

搜索相关的图片或视频，进一步了解三维动画。

第二章 | 二维建模

知识目标

　了解标准基本体、扩展基本体和复合对象等不同形态物体的创建和参数修改方法。

能力目标

　通过对标准基本体、扩展基本体的学习，了解模型制作的基本原理；通过对复合对象的学习，了解如何使两个或两个以上的物体合并成新的物体，掌握基础建模的制作过程和相关命令。

2.1 二维图形的创建

　在【创建】命令面板中单击【图形】按钮，弹出图 2-1 所示的控制面板，在此面板中有 11 种样条线类型。

　【自动栅格】：通过基于单击的面的法线生成和激活一个临时构造平面，可以自动创建其他表面上的对象。

　【开始新图形】：图形可以是单条样条线，或者是包含多条样条线的复合图形。选中【开始新图形】复选框以及【对象类型】卷展栏上的复选框可以控制图形中样条线的数量。【开始新图形】复选框决定了何时创建新图形。当复选框处于启用状态时，程序会为创建的每条样条线都创建一个新图形。当复选框处于禁用状态时，样条线会添加到当前图形上，直到单击【开始新图形】按钮。

　下面介绍【样条线】控制面板中的卷展栏：

　（1）【名称和颜色】卷展栏。

　【名称和颜色】卷展栏如图 2-2 所示，可以为对象命名，并将视口颜色指定给它。

图 2-1　控制面板

【技法演示】创建标准基本体——长方体

图 2-2　【名称和颜色】卷展栏

（2）【渲染】卷展栏。

【渲染】卷展栏如图2-3所示。

1）【在渲染中启用】：选中该复选框，将使用指定的参数来渲染，直线或曲线在渲染时将以横截面为圆形或方形的管状体显示出来。

2）【在视口中启用】：选中该复选框，将在视口中使用指定的参数来渲染，未选中该复选框时则不显示。

3）【使用视口设置】：可以为视口设置不同的渲染参数，并显示视口设置所生成的网格。只有当启用【显示渲染器网格】时，此选项才可用。

4）【生成贴图坐标】：选中此复选框可应用贴图坐标。默认设置为禁用状态。

5）【真实世界贴图大小】：控制应用于该对象的纹理贴图材质所使用的缩放方法。

6）【视口】：选择此单选项可以设置视口厚度、边数和角度。只有选中【使用视口设置】复选框时，此选项才可用。

7）【渲染】：选择此单选项来设置渲染样条线厚度、边数和角度。

图2-3　【渲染】卷展栏

8）【径向】：将3D网格显示为圆柱形对象。

①【厚度】：指定视口或渲染样条线的直径。默认设置为1.0，范围为0.0 ～ 100 000 000.0。

②【边】：在视口或渲染器中为样条线网格设置边数。例如，值为4表示一个方形横截面。

③【角度】：调整视口或渲染器中横截面的旋转位置。例如，拥有方形横截面，则可以设置【角度】值，将【平面】定位为面朝下。

9）【矩形】：选中该单选项，定义视口或渲染中线形的横截面为长方形。

①【长度】：用来设置视口或渲染中线形横截面长方形的长度。

②【宽度】：用来设置视口或渲染中线形横截面长方形的宽度。

③【角度】：用来设置视口或渲染中线形横截面旋转的角度。

④【纵横比】：用来设置视口或渲染中线形横截面旋转后，朝旋转方向一面的厚度。

（3）【插值】卷展栏。

【插值】卷展栏如图2-4所示。

1）【步数】：样条线步数可以自适应，也可以优化。

2）【优化】：启用此选项后，可以从样条线的直线段中删除不需要的步长。

3）【自适应】：禁用此选项后，可允许使用【优化】和【步数】进行手动插值设置。

（4）【创建方法】卷展栏。

【创建方法】卷展栏如图2-5所示。

1）【边】：第一次单击鼠标会在图形的一边或一角上定义一个点，然后拖动鼠标定义直径或对角线角点。

2）【中心】：第一次单击鼠标会定义图形中心，然后拖动鼠标定义半径或角点。

（5）【键盘输入】卷展栏。

可以使用【键盘输入】卷展栏创建大多数样条线。此过程对所有样条线通常是相同的，参数可以在【键盘输入】卷展栏下设置。键盘输入的差别主要在于可选参数的数目不同。图2-6所示为圆的【键盘输入】卷展栏示例。

图2-4　【插值】卷展栏　　　　图2-5　【创建方法】卷展栏　　　图2-6　【键盘输入】卷展栏

【键盘输入】卷展栏包含初始创建点的 X、Y 和 Z 坐标 3 个字段，还有可变数目的参数，用来完成样条线。在每个字段中输入值，然后单击【创建】按钮，可以创建样条线。

2.1.1 线

（1）【创建方法】卷展栏。

线的【创建方法】卷展栏如图 2-7 所示。

1）【初始类型】选项组：

①【角点】：产生一个尖端。样条线在顶点的任意一边都是线性的。

②【平滑】：通过顶点产生一条平滑、不可调整的曲线。由顶点的间距来设置曲率的数量。

2）【拖动类型】选项组：

①【角点】：产生一个尖端。样条线在顶点的任意一边都是线性的。

②【平滑】：通过顶点产生一条平滑、不可调整的曲线。由顶点的间距来设置曲率的值。

③【Bezier】：通过顶点产生一条平滑、可调整的曲线。通过在每个顶点拖动鼠标设置曲率的值和曲线的方向。

（2）【键盘输入】卷展栏。

线的键盘输入与其他样条线的键盘输入不同。输入数值后继续向现有的线添加顶点，直到单击【关闭】或【完成】按钮，图 2-8 所示。

1）【添加点】：在当前线上添加点。

2）【关闭】：使图形闭合，在最后和最初的顶点间添加一条最终的样条线线段。

3）【完成】：完成该样条线而不将它闭合。

图 2-7 线的【创建方法】卷展栏

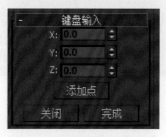

图 2-8 线的【键盘输入】卷展栏

2.1.2 矩形

使用【矩形】命令可以创建方形和矩形样条线。矩形的创建参数设置如图 2-9 所示。

创建矩形之后，可以在【参数】卷展栏中对以下参数进行更改：

（1）【长度】：指定矩形沿着局部 Y 轴的大小。

（2）【宽度】：指定矩形沿着局部 X 轴的大小。

（3）【角半径】：创建圆角。设置为 0 时，矩形包含 90° 角。

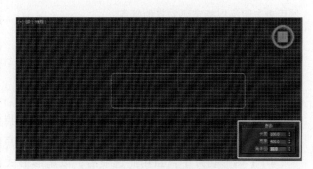

图 2-9 矩形的创建参数设置

2.1.3 圆

可以使用【圆】命令创建由 4 个锚点组成的闭合圆形样条线。圆的创建参数设置如图 2-10 所示。

创建圆之后，可以在【参数】卷展栏中对【半径】参数进行更改：

【半径】：指定圆的半径。

2.1.4　椭圆

使用【椭圆】命令可以创建椭圆形和圆形样条线。椭圆的创建参数设置如图 2-11 所示。

创建椭圆之后，可以在【参数】卷展栏中对以下参数进行修改：

（1）【长度】：指定椭圆沿着局部 Y 轴的大小。

（2）【宽度】：指定椭圆沿着局部 X 轴的大小。

（3）【轮廓】：启用后，会创建一个轮廓，这是与主图形分开的另外一个椭圆。

（4）【厚度】：启用【轮廓】选项后，设定主椭圆图形与其轮廓之间的偏移。

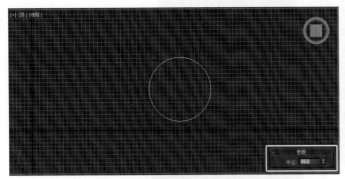

图 2-10　圆的创建参数设置　　　　　　　　　　　图 2-11　椭圆的创建参数设置

2.1.5　弧

（1）【创建方法】卷展栏。

弧的【创建方法】卷展栏如图 2-12 所示。

1）【端点 - 端点 - 中央】：拖动并释放鼠标以设置弧的两端点，然后单击鼠标以指定两端点之间的第三个点。

2）【中间 - 端点 - 端点】：单击鼠标以指定弧的中心点，拖动并释放鼠标以指定弧的一个端点，然后单击鼠标以指定弧的其他端点。

（2）【参数】卷展栏。

弧的【参数】卷展栏如图 2-13 所示。

创建弧之后，可以通过设置以下参数进行更改：

1）【半径】：指定弧的半径。

2）【从】：在从局部正 X 轴测量角度时指定起点的位置。

3）【到】：在从局部正 X 轴测量角度时指定端点的位置。

4）【饼形切片】：启用此选项后，以扇形形式创建闭合样条线。起点和端点将中心与圆弧分段连接起来。

图 2-12　弧的【创建方法】卷展栏

图 2-13　弧的【参数】卷展栏

5)【反转】：启用此选项后，反转弧形样条线的方向，并将第一个顶点放置在打开弧形的相反末端。只要该形状保持原始形状（不是可编辑的样条线），可以通过切换到【反转】来切换其方向。如果弧形样条线已转化为可编辑的样条线，可以使用【样条线】子对象层级上的【反转】来反转方向。

2.1.6　圆环

圆环的【参数】卷展栏如图 2-14 所示。

创建圆环之后，可以设置以下参数进行更改：

（1）【半径1】：设置第一个圆的半径。

（2）【半径2】：设置第二个圆的半径。

2.1.7　多边形

多边形的【参数】卷展栏如图 2-15 所示。

创建多边形之后，可以通过设置以下参数进行更改：

（1）【半径】：指定多边形的半径。可选中以下两个单选项中的一个来设置半径：

1)【内接】：从中心到多边形各个角的半径。

2)【外接】：从中心到多边形各个面的半径。

（2）【边数】：指定多边形使用的面数和顶点数，范围为 3 ~ 100。

（3）【角半径】：指定应用于多边形角的圆角度数。设置为 0 时是指定标准非圆角。

（4）【圆形】：启用该选项之后，将指定圆形"多边形"。

2.1.8　星形

星形的【参数】卷展栏如图 2-16 所示。

创建星形之后，可以通过设置以下参数进行更改：

（1）【半径1】：指定星形内部顶点（内谷）的半径。

（2）【半径2】：指定星形外部顶点（外点）的半径。

（3）【点】：指定星形上的点数，范围为 3 ~ 100。

星形所拥有的顶点数是指定点数的两倍。一半的顶点位于一个半径上，形成外点；其余的顶点位于另一个半径上，形成内谷。

（4）【扭曲】：围绕星形中心旋转顶点（外点），从而生成锯齿形效果。

（5）【圆角半径1】：圆化星形的内部顶点（内谷）。

（6）【圆角半径2】：圆化星形的外部顶点（外点）。

图 2-14　圆环的【参数】卷展栏

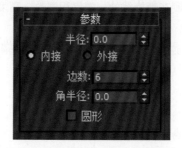

图 2-15　多边形的【参数】卷展栏

图 2-16　星形的【参数】卷展栏

2.1.9 文本

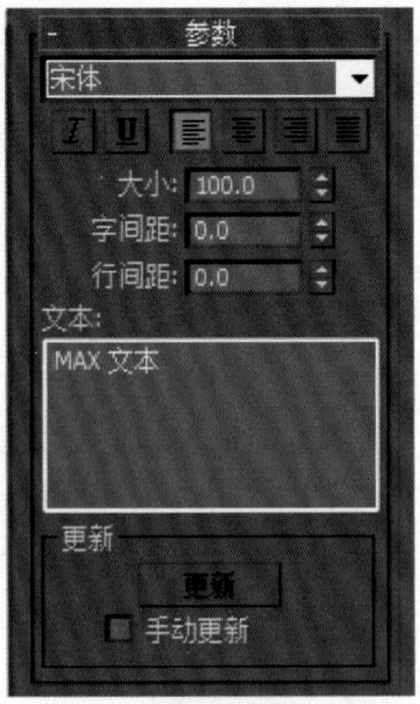

文本的【参数】卷展栏如图 2-17 所示。

创建文本之后，可以通过设置以下参数进行更改：

（1）【字体】：可以从所有可用字体的列表中进行选择。可用的字体包括：

1）Windows 中安装的字体。

2）"类型 1PostScript" 字体。它安装在【配置路径】对话框中的【字体】路径指向的目录中。

（2）【斜体】按钮 I：切换斜体文本。

（3）【下划线】按钮 U：切换下划线文本。

（4）【左侧对齐】按钮 ：将文本对齐到边界框左侧。

（5）【居中】按钮 ：将文本对齐到边界框中心。

（6）【右侧对齐】按钮 ：将文本对齐到边界框右侧。

（7）【对正】按钮 ：分隔所有文本行以填充边界框的范围。

（8）【大小】：设置文本高度，其中测量高度的方法由活动字体定义。第一次输入文本时，默认尺寸是 100 单位。

（9）【字间距】：调整字间距（字母间的距离）。

（10）【行间距】：调整行间距（行间的距离）。只有图形中包含多行文本时才起作用。

（11）【文本】编辑框：可以输入多行文本。在每行文本之后按 Enter 键可以开始下一行。

（12）【更新】选项组：可以选择手动更新，用于文本图形太复杂、不能自动更新的情况。

1）【更新】：更新视口中的文本来匹配编辑框中的当前设置。仅当【手动更新】选项处于启用状态时，此按钮才可用。

2）【手动更新】：启用此选项后，输入编辑框中的文本未在视口中显示，直到单击【更新】按钮时才会显示。

图 2-17 文本的【参数】卷展栏

2.1.10 螺旋线

螺旋线的【参数】卷展栏如图 2-18 所示。

创建螺旋线之后，可以通过设置以下参数进行更改：

（1）【半径 1】：指定螺旋线起点的半径。

（2）【半径 2】：指定螺旋线终点的半径。

（3）【高度】：指定螺旋线的高度。

（4）【圈数】：指定螺旋线起点和终点之间的圈数。

（5）【偏移】：强制在螺旋线的一端累积圈数。高度为 0.0 时，偏移的影响不可见。

图 2-18 螺旋线的【参数】卷展栏

（6）【顺时针】/【逆时针】：设置螺旋线的旋转是顺时针还是逆时针。

2.1.11 截面

（1）【截面参数】卷展栏。

【截面参数】卷展栏如图 2-19 所示。

1)【创建图形】：基于当前显示的相交线创建图形，将显示一个对话框，可以在此命名新对象。

2)【更新】选项组：提供指定何时更新相交线的选项。

①【移动截面时】：在移动或调整截面图形时更新相交线。

②【选择截面时】：在选择截面图形但是未移动时更新相交线。单击【更新截面】按钮可更新相交线。

③【手动】：在单击【更新截面】按钮时更新相交线。

3)【更新截面】：在选中【选择截面时】或【手动】单选项时更新相交点，以便与截面对象的当前位置匹配。

注意：在选中【选择截面时】或【手动】单选项时，可以使生成的横截面偏移相交几何体的位置。在移动截面对象时，黄色横截面线条将随之移动，以使几何体位于后面。单击【创建图形】按钮时，将在偏移位置上以显示的横截面线条生成新图形。

图 2-19　【截面参数】卷展栏

4)【截面范围】选项组：选择以下单选项之一可指定截面对象生成的横截面的范围：

①【无限】：截面平面在所有方向上都是无限的，从而使横截面位于其平面中的任意网格几何体上。

②【截面边界】：只在截面图形边界内或与其接触的对象中生成横截面。

③【禁用】：不显示或生成横截面。禁用【创建图形】按钮。

5)【色样】单击此选项可设置相交的显示颜色。

（2）【截面大小】卷展栏。

【截面大小】卷展栏如图 2-20 所示。

【长度】/【宽度】：调整显示截面矩形的长度和宽度。

2.1.12　卵形

卵形的【参数】卷展栏如图 2-21 所示。

（1）【长度】：设定卵形的长度（长轴）。

（2）【宽度】：设定卵形的宽度（短轴）。

（3）【轮廓】：启用后，会创建一个轮廓，这是与主图形分开的另外一个卵形。默认设置为启用。

（4）【厚度】：启用【轮廓】选项后，设定主卵形与其轮廓之间的偏移。

（5）【角度】：设定卵形的角度，即绕图形的局部 Z 轴的旋转量。当角度为 0.0 时，卵形的长度是垂直的，较窄的一端在上。

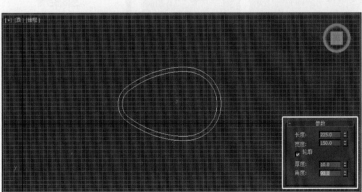

图 2-20　【截面大小】卷展栏　　　　**图 2-21　卵形的【参数】卷展栏**

2.2 二维图形的修改

2.2.1 堆栈

堆栈的操作面板位于【修改】命令面板中，先建立一个对象，单击【修改】按钮，如图 2-22 所示，上端为修改选择工具栏，下端为堆栈面板。

编辑修改器堆栈的构成如下：

（1）█【锁定堆栈】：将修改器堆栈锁定在当前物体上，即使选取场景中其他的对象，修改器仍使用锁定对象。

（2）█【显示最终结果开关】：当单击此按钮后，即可观察对象修改的最终结果。

（3）█【使唯一】：使选择集的修改器独立出来，只作用于当前选择对象。

（4）█【从堆栈中删除修改器】：选择修改器后单击此按钮可从堆栈中删除修改器。

（5）█【形成修改器设定】：单击此按钮会弹出菜单，可选择是否显示修改器按钮及改变按钮组的配置。

在靠近【修改】命令面板顶部的地方显示【修改器列表】下拉列表框。可以通过单击其右侧的下三角按钮打开一个下拉列表，如图 2-23 所示。

列表中的编辑修改器是根据功能的不同进行分类的。尽管列表看起来很长，编辑修改器很多，但是这些编辑修改器中的一部分是常用的，另外一些则很少用。

当在【修改器列表】下拉列表框上单击鼠标右键后，就会弹出一个快捷菜单，如图 2-24 所示。可以使用这个菜单完成如下工作：

（1）过滤在列表中显示的编辑修改器；

（2）在列表中显示编辑修改器的按钮；

（3）定制编辑修改器集合，如图 2-25 所示。

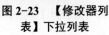

图 2-22 修改器堆栈　　图 2-23 【修改器列表】下拉列表　　图 2-24 快捷菜单　　图 2-25 定制的编辑修改器集合

2.2.2　编辑样条线

基本样条线可以转化为可编辑样条线，可编辑样条线包含各种控件，用于直接操纵自身及其子对象。

形成可编辑样条线的方法有：

（1）用鼠标右键单击堆叠显示中的物体，然后执行【转化为可编辑样条线】命令。

（2）在视图中，用鼠标右键单击对象并执行【转化为】→【转化为可编辑样条线】命令。

（3）绘制图形时关闭【开始新图形】选项，连续创建两个或两个以上样条线会自动转换为可编辑样条线。

（4）在修改列表中选择【编辑样条线】修改器，将其应用于形状。

2.2.3　顶点的修改

二维对象的次对象共有 3 个级别——【顶点】【线段】【样条线】。这 3 个命令的图标在二维对象修改器的【选择】卷展栏中，如图 2-26 所示。

图 2-26　二维对象修改器的【选择】卷展栏

【顶点】：进入节点级次对象层次。节点是样条曲线次对象的最低一级，因此修改节点是编辑样条对象的最灵活的方法。顶点子对象模式如图 2-27 所示。

【线段】：进入线段级次对象层次。线段是中间级别的样条次对象，在【编辑样条线】修改器中针对线段的编辑修改功能最少。线段子对象模式如图 2-28 所示。

【样条线】：进入样条曲线次对象层次。样条曲线是样条次对象的最高级别。样条线子对象模式如图 2-29 所示。

（1）【选择】卷展栏。

1）【命名选择】选项组：

①【复制】：将命名选择放置到复制缓冲区。

②【粘贴】：从复制缓冲区中粘贴命名选择。

2）【锁定控制柄】：通常每次只能变换一个顶点的切线控制柄，尽管选择了多个顶点。执行【锁定控制柄】命令可以同时变换多个贝兹和贝兹角点控制柄。

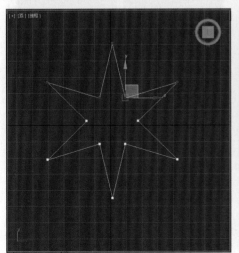

图 2-27　顶点子对象模式

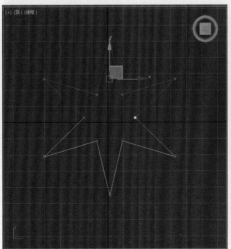

图 2-28　线段子对象模式

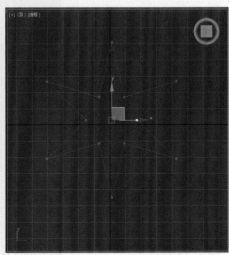

图 2-29　样条线子对象模式

3）【相似】：拖动传入向量的控制柄时，所选顶点的所有传入向量将同时移动。同样，移动某个顶点上的传出切线控制柄将移动所有所选顶点的传出切线控制柄。

4）【全部】：移动的任何控制柄都将影响选择中的所有控制柄，无论它们是否已断裂。处理单个贝兹角点顶点并且要移动两个控制柄时，可以使用此选项。

按住 Shift 键并单击控制柄可以"断裂"切线并独立地移动每个控制柄。要"断裂"切线，就必须选择【相似】选项。

5）【区域选择】：允许自动选择所单击顶点的特定半径中的所有顶点。在顶点子对象层级，启用【区域选择】选项，然后使用【区域选择】复选框右侧的微调器设置半径。移动已经使用【连接复制】或【横截面】按钮创建的顶点时，可以启用此选项。

6）【线段端点】：通过单击线段选择顶点。在顶点子对象中，启用并选择接近所要选择的顶点的线段。当有大量重叠的顶点并且要选择特定线段上的顶点时，可以启用此选项。经过线段时，鼠标指针会变成十字形，通过按住 Ctrl 键，可以将所需对象添加到选择内容。

7）【选择方式】选择所选样条线或线段上的顶点。首先在子对象样条线或线段中选择一个样条线或线段，其次启用顶点子对象，单击【选择方式】按钮，选择【样条线】或【线段】命令，最后选择所选样条线或线段上的所有顶点，就可以编辑这些顶点了。

8）【显示】选项组：

①【显示顶点编号】：启用后，程序将在任何子对象层级的所选样条线的顶点旁边显示顶点编号。

②【仅选定】：启用后，仅在所选顶点旁边显示顶点编号。

选择曲线，单击鼠标右键，可以看到快捷菜单左上方的【工具 1】菜单中有 4 个选项，它们分别为 4 种点的平滑状态，如图 2-30 所示。

【光滑】：自动产生光滑的曲线。

【拐角】：不产生切线手柄，直接产生没有弧度的尖锐角。

【Bezier】：产生共同作用的切线手柄，两个手柄互相作用影响曲度的大小（创建时采用释放鼠标前摇移的方法可以直接生成）。

【Bezier 角点】：产生两个独立的切线手柄，分别控制两段曲线的曲度。

（2）【几何体】卷展栏。

图 2-31 所示为【几何体】卷展栏。

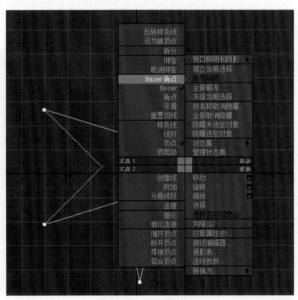

图 2-30　平滑状态

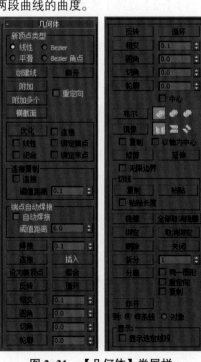

图 2-31　【几何体】卷展栏

1）图形的合并。

在编辑曲线命令面板的底部有一个【附加】命令，它能将多个曲线结合在一起成为一个物体。

①【附加】：可以把任何现有的样条线附加到当前选定的样条线上。鼠标指针位于可附加的样条线上时会变成▨状，分别单击想要附加的物体它们即会附加在一起。

②【附加多个】：单击该按钮，将弹出【附加多个】对话框，它与标准的名称对话框基本相似，用户可在对话框中选择多个样条曲线合并到当前曲线中。

实例：

①在顶视图中执行【创建】→【图形】→【圆】命令创建两个圆形，如图 2-32 所示。

②执行【创建】→【图形】→【文本】命令创建文字，在【参数】卷展栏中的文本框中输入文字"附加"，如图 2-33 所示。

③在顶视图中单击创建文字，如图 2-34 所示。

④在顶视图中创建星形，如图 2-35 所示。

⑤选择星形，单击鼠标右键并执行【转换为】→【转换为可编辑样条线】命令，在【几何体】卷展栏中单击【附加】按钮，依次单击其他物体进行附加，如图 2-36 所示。

⑥修改【渲染】卷展栏里的参数，效果如图 2-37 所示。

2）图形的优化。

【优化】按钮在除【样条线】级以外的次对象层都有效。在曲线上单击，可以在不改变曲线形态的前提下加入一个新的点，这通常是圆滑局部曲线的好方法。在单击【优化】按钮前，可对【连接】复选框进行设置。

图 2-32　创建圆形

图 2-33　输入文字 | 图 2-34　附加文字

图 2-35　创建星形

图 2-36　附加物体

图 2-37　效果图

实例：

①利用前面的文件继续练习，在顶点子物体级别下单击【优化】按钮后在顶视图中左边圆形上创建两个点，如图 2-38 所示。

②在顶视图中拖动鼠标移动右侧优化出来的点，如图 2-39 所示。

③利用同样方法移动左侧优化出来的点，如图 2-40 所示。

④效果如图 2-41 所示。

3）图形的焊接。

【焊接】按钮仅在顶点级次对象层有效。使用【焊接】命令可以将两个节点合并为一个节点。首先选取要合并的节点，然后在【焊接】后的数值框中输入一个数值，这个数值用来决定能够执行合并的距离。单击【焊接】按钮后，将所选取的节点拖向另一个节点，此时两个节点将合并为一个节点，合并后的节点位于选择的两个节点的中间位置。

注意，焊接节点有以下限制：

①只能在一个样条曲线上的节点间进行焊接操作；

②只能在端点间进行焊接；

③不能够越过节点进行焊接。

实例：

①在视图中随意创建一条未封闭的样条线，如图 2-42 所示。

②在顶点子物体级别下选择两个相近的点，单击【焊接】按钮。如果没有看到效果，可将焊接边的数值调整为 15，焊接后的效果如图 2-43 所示。

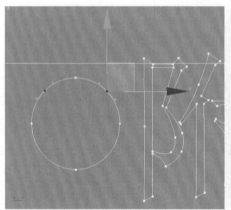

图 2-38　优化

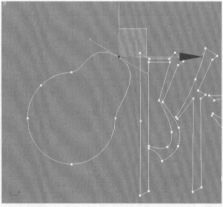

图 2-39　移动右侧优化出来的点

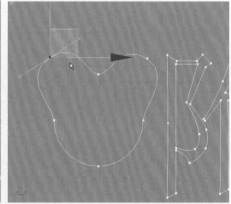

图 2-40　移动左侧优化出来的点

图 2-41　效果图

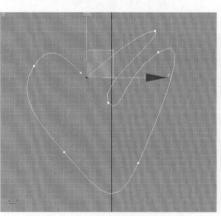

图 2-42　未封闭的样条线

图 2-43　焊接后的效果

4）【圆角】按钮。

【圆角】按钮仅在顶点级次对象层有效。利用此功能可以在选定的节点处创建一个圆角。单击
【圆角】按钮，将鼠标移动到要创建圆角处的节点上，此时鼠标指针改变形状，单击并拖动鼠标即
可创建一个圆角。可以通过调节【圆角】按钮右侧数值框中的数值来调整圆角的大小。

实例：

①在顶视图中执行【创建】→【图形】→【星形】命令创建一个星形，如图 2-44 所示。

②选择顶点子物体级别，选择外圆的 6 个点，单击【几何体】卷展栏里的【圆角】按钮后在顶
视图中单击并拖动鼠标，得到的圆角效果如图 2-45 所示。

③最终效果如图 2-46 所示。

5）【切角】按钮。

【切角】按钮仅在顶点级次对象层有效。此按钮的功能和操作方法与【圆角】按钮相同，只不
过所创建的是斜角而已，如图 2-47 所示。

选择外圆的 6 个点，单击【切角】按钮，在视图中单击并拖动鼠标，效果如图 2-48 所示。

2.2.4 样条线的修改

（1）【轮廓】按钮。

【轮廓】按钮仅在样条线级次对象层有效。它可以给选定的样条曲线增加轮廓。

实例：

①在视图中创建一个多边形，如图 2-49 所示。

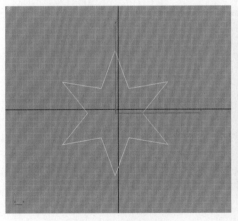

图 2-44　创建星形

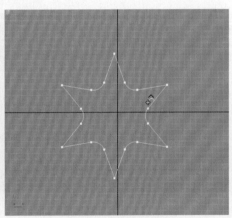

图 2-45　圆角效果

图 2-46　最终效果

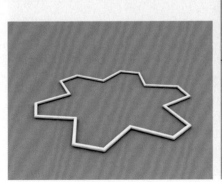

图 2-47　效果

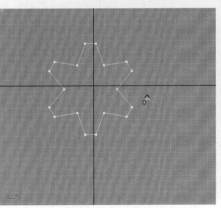

图 2-48　切角效果

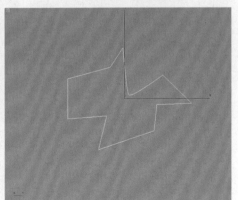

图 2-49　创建多边形

②单击【轮廓】按钮，将鼠标指针移动到要增加轮廓的样条曲线上，此时鼠标指针改变形状，单击并上下移动鼠标便可制作样条曲线的轮廓，如图 2-50 所示。可以通过调节【轮廓】按钮右侧数值框中的数值来调整轮廓的宽度。其右下方的【中心】选项用来决定是否保留原样条曲线。若选中它，在创建轮廓时将不保留原样条曲线，而是产生两个轮廓曲线。它们与原样条曲线的距离是轮廓曲线宽度的一半。

（2）【修剪】按钮。

【修剪】按钮仅在样条线级次对象层有效，它可用来将交叉的样条曲线删除。

实例：

①在顶视图中创建一个圆形，如图 2-51 所示。

②再创建一个星形，如图 2-52 所示。

③在星形上单击鼠标右键，选择【转换为】子菜单中的【转换为可编辑样条线】命令，在【几何体】卷展栏里单击【附加】按钮后，在视图中单击前面创建的圆形使它们附加在一起，如图 2-53 所示。

④在修改器堆栈中选择样条线子物体级别，在【几何体】卷展栏里单击【修剪】按钮，依次单击要修剪的样条线，如图 2-54 所示。

⑤用同样的方法修剪圆里的角线，如图 2-55 所示。

⑥修剪后效果如图 2-56 所示。

⑦在修改面板中的【渲染】卷展栏中选中【在渲染中启用】和【在视口中启用】复选框，并修改厚度值为 20，单击工具栏上的【快速渲染】按钮 ◉，效果如图 2-57 所示。

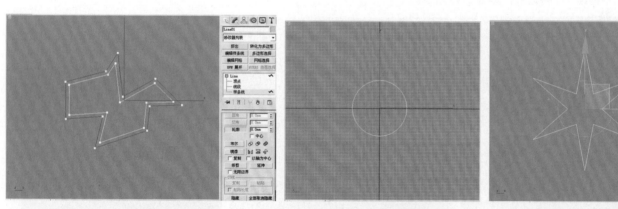

图 2-50　制作样条曲线的轮廓　　　　图 2-51　创建圆形　　　　图 2-52　创建星形

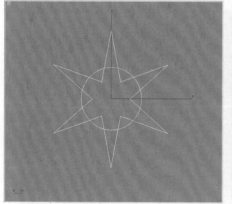
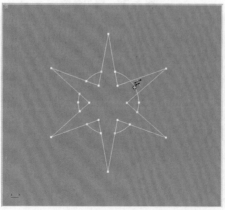
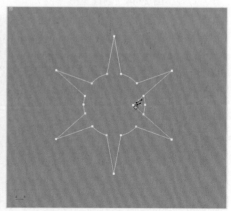

图 2-53　附加　　　　　　　图 2-54　修剪（1）　　　　　图 2-55　修剪（2）

（3）【布尔运算】按钮。

【布尔运算】按钮仅在样条线级次对象层有效。利用此功能可以将两个样条曲线按指定的方式合并到一起。用户可先选择一个样条曲线，然后单击【布尔运算】按钮选择一种运算方式，再将鼠标指针移动到第二个样条曲线上，这时鼠标指针将改变其形状，单击即可按指定的方式进行运算。

系统为样条曲线的布尔运算提供了【并集】⊘、【差集】⊘和【交集】⊘三种运算方式。

实例：

①在视图中创建一个矩形和一个圆形样条线，如图 2-58 所示。

②在任意物体上单击鼠标右键，选择【转换为】→【转换为可编辑样条线】命令。单击【附加】按钮将另外一个物体附加在一起，然后再次单击【附加】按钮，如图 2-59 所示。

③在样条线子物体级别下先选择矩形，选择布尔运算的模式为【并集】⊘，然后单击【布尔运算】按钮后单击圆形，如图 2-60 所示。

④使用【并集】运算模式的效果如图 2-61 所示。

⑤使用【差集】运算模式的效果如图 2-62 所示。

⑥使用【交集】运算模式的效果如图 2-63 所示。

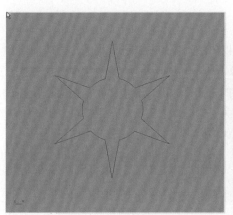

图 2-56　修剪后效果

图 2-57　效果

图 2-58　创建矩形、图形样条线

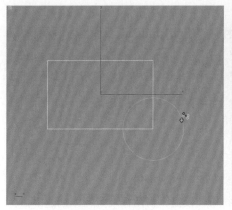

图 2-59　附加

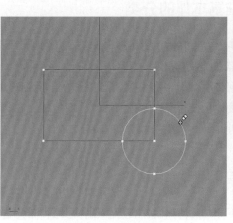

图 2-60　布尔运算

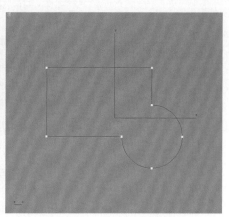

图 2-61　【并集】运算模式

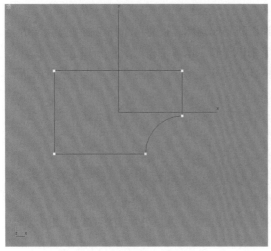

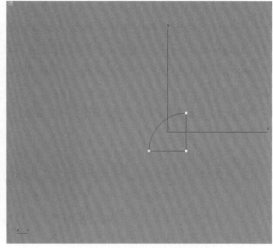

图 2-62　【差集】运算模式　　　　　　　　图 2-63　【交集】运算模式

注意，对样条曲线进行布尔运算有以下限制：样条曲线必须是同一个二维图形的样条曲线次对象，单独的样条曲线应先使用【附加】等功能合并为一个二维图形后，才能够对其进行布尔运算；进行布尔运算的样条曲线必须是封闭的；样条曲线本身不能相交；要进行布尔运算的样条曲线之间不能有重叠的部分。

（4）【镜像】按钮。

【镜像】按钮仅在样条线级次对象层有效。利用它可以对所选择的曲线进行水平、垂直、对角镜像。先选择要镜像的曲线，再从【水平镜像】【垂直镜像】和【对角镜像】这三种镜像方式中选择一种方式，然后单击【镜像】按钮就可以将曲线镜像了。如果在镜像前打开【复制】选项，可以将样条曲线复制并镜像以产生一个镜像复制品。其下方的【关于轴心点】复选框是用来决定镜向的中心位置的。若选中该复选框，将以样条曲线自身的轴心点为中心来镜像曲线；未选中该复选框时，则以样条曲线的几何中心为中心来镜像曲线。

2.3　创建标准基本体

2.3.1　标准基本体的分类

标准基本体分为长方形、圆锥形、球体、几何球、圆柱体、管状体、圆环、四棱锥、茶壶和平面 10 种不同形态的几何体。

每一种几何体都会有多种参数，可以产生不同形态的几何体，如管状体就可以产生圆管、圆柱、长方体、棱柱、棱管等。除几何球体、四棱柱、圆环、茶壶和平面外，其他工具也有切片参数控制，可以像切蛋糕一样切割对象。

2.3.2　课堂实例：餐桌

本案例利用标准几何体制作餐厅。创作思路：首先进行单位设置，再用标准几何体创建桌面、侧边和桌脚，最后利用实例克隆制作其他桌脚并移动到合适位置。

（1）对 3ds Max 的单位进行设置。在菜单栏中执行【自定义】→【单位设置】命令，弹出【单位设置】对话框，单击【系统单位设置】按钮，在弹出的【系统单位设置】对话框中将【系统单位比例】设置为"毫米"，单击【确定】按钮，返回【单位设置】对话框，在【显示单位比例】选项区域选中【公制】单选项，并在其下文本框的下拉菜单中选择"毫米"，单击【确定】按钮。

（2）执行【创建】→【标准基本体】→【长方体】命令，在顶视图中创建一个长方体作为桌面在【参数】卷展栏中将桌面设置参数为：【长度】1 300mm，【宽度】800mm，【高度】20mm。在视图控制区中单击【所有视图最大化显示】按钮，如图 2-64 所示。

（3）在顶视图中创建一个长方体作为桌子的短侧边，设置参数为：【长度】20mm，【宽度】650mm，【高度】-100mm，如图 2-65 所示。

（4）在工具栏中单击【选择并移动按钮工具】按钮。在顶视图中选择刚才创建的长方体桌子的短侧边，将鼠标放在 Y 轴上，Y 轴呈黄色显示；按住 shift 键向上移动，在弹出的【克隆选项】对话框中，选中【实例】单选项，将【副本数】设置为"1"，如图 2-66 所示，单击【确定】按钮，并移动到合适位置。

（5）用相同的方法，在顶视图中再创建一个长方体作为桌子的长侧边，设置参数为：【长度】1 150mm，【宽度】20mm，【高度】-100mm。克隆一个桌子的长侧边并移动至合适位置，如图 2-67所示。

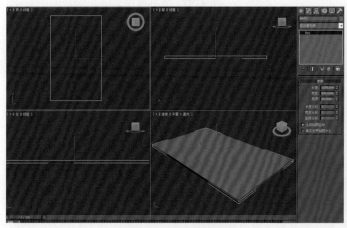

图 2-64　桌面的建立

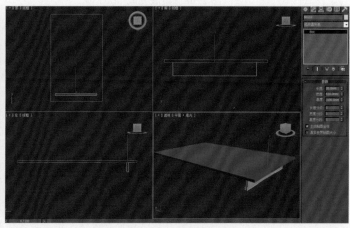

图 2-65　桌角的创建

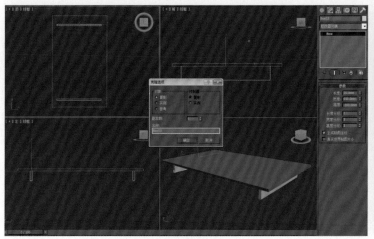

图 2-66　复制（1）

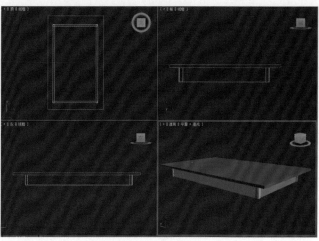

图 2-67　复制（2）

（6）创建餐桌的桌子腿，单击【长方体】按钮，在顶视图中创建一条桌子腿，设置为【长度】60mm，【宽度】60mm，【高度】750mm。克隆三条桌子腿放到合适位置，如图 2-68 所示。

（7）框选桌子面与侧边，在前视图中沿 Y 轴向上移动到合适位置，完成制作，如图 2-69 所示。

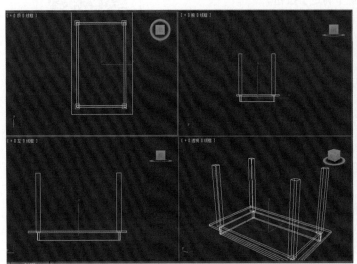
图 2-68　桌底完成

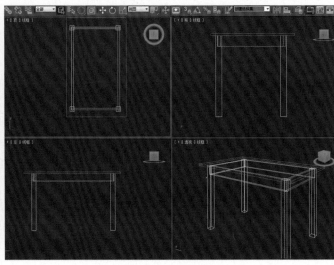
图 2-69　完成制作

【技法演示】课后练习：
沙发

◎ 本章小结

　　本章旨在帮助学习者进行二维建模，创建简单场景的效果，增进对模型创建与三维空间的理解。

◎ 思考与实训

一、思考题

标准基本体、扩展基本体和复合对象的区别是什么？

二、实训题

尝试制作一组沙发（2～3 个）。

第三章 | 三维建模

熟悉修改器的基础知识和修改器命令的使用、二维图形和三维模型的修改编辑。

通过对修改器基础知识的学习,了解如何增加修改器和配置修改器集;通过对样条线、网格和多边形的编辑学习,掌握模型的修改命令及提高空间运用能力,制作出更精细的模型。

3.1 创建"挤出"对象

【挤出】修改器的界面如图 3-1 所示。

（1）【参数】卷展栏。

1）【数量】：要挤出的距离。

2）【分段】：指定"挤出"对象中线段的数目。

3）【封口】选项组：

①【封口始端】：在"挤出"对象始端生成一个平面。

②【封口末端】：在"挤出"对象末端生成一个平面。

③【变形】：在一个可预测、可重复的模式下安排封口面,这是创建渐进目标所必需的。渐进封口可以产生细长的面,而不像栅格封口需要渲染和变形。如果要挤出多个渐进目标,则主要使用渐进封口的方法。

④【栅格】：在图形边界处生成适合修改的栅格线。此方法产生尺寸均匀的曲面,可使用其他修改器将这些曲面变形。当选中【栅格】封口选项时,栅格线是隐藏边而不是可见边。这主要影响使用【关联】选项制定的材质或使用晶格修改器的任何对象。

4）【输出】选项组：

①【面片】：产生一个可以折叠到面片对象中的对象。

图 3-1 【挤出】修改器的界面

②【网格】：产生一个可以折叠到网格对象中的对象。

③【NURBS】：产生一个可以折叠到 NURBS 对象中的对象。

5)【生成贴图坐标】：将贴图坐标应用到"挤出"对象中，默认为禁用状态。启用此选项时，将独立贴图坐标应用到末端封口中，并在每一封口上放置一个 1×1 的平铺图案。

6)【生成材质 ID】：将不同的材质 ID 指定给"挤出"对象的侧面与封口。特别是，侧面 ID 为 3，封口为 1 和 2。当创建一个"挤出"对象时，启用此选项是默认设置，但如果从 max 文件中加载一个"挤出"对象，则将禁用此选项，保持每一对象 R1.x 中制定的材质 ID 不变。

7)【使用图形 ID】：使用"挤出"样条线中指定给线段的材质 ID 值或使用"挤出" NURBS 曲线中的曲线子对象。

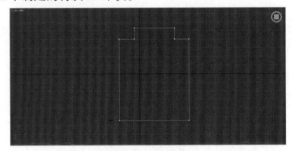

8)【平滑】：将平滑应用于"挤出"图形。

（2）实例：绘制墙体。

1)首先绘制轮廓。执行【创建】→【图形】→【样条线】→【线】命令，在前视图中绘制图 3-2 所示的封闭曲线。

图 3-2 绘制墙线

2)在修改列表中选择【样条线】子对象模式，选择曲线，单击【轮廓】按钮，在视图中单击并拖动鼠标创建曲线的轮廓线，如图 3-3 所示。

3)取消【样条线】子对象模式，在修改列表中选择【挤出】修改器，并修改数量，效果如图 3-4 所示。

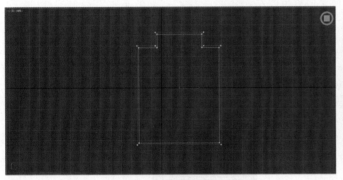

图 3-3 墙线轮廓

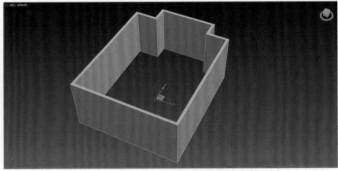

图 3-4 "挤出"效果

3.2 创建"车削"对象

【车削】修改器的界面如图 3-5 所示。

【轴】在此对象层级上，可以进行变换和设置绕轴旋转动画。

（1）【车削】的【参数】卷展栏（图 3-6）。

1)【度数】：确定对象绕轴旋转多少度，可以通过给【度数】设置关键点来设置"车削"对象圆环增强的动画。"车削"轴自动将尺寸调整到与要车削图像同样的高度。

2)【焊接内核】：将旋转轴中的顶点焊接到简化网格。如果要创建一个变形目标，则禁用此选项。

图 3-5 【车削】修改器的界面

3）【翻转法线】：依赖翻图形上顶点的方向和旋转方向，旋转对象可能会内部外翻。选中【翻转法线】复选框来修正它。

4）【分段】：在起始点之间，确定在曲面上创建多少插值线段。此参数也可设置动画。默认值为16。

5）【封口】选项组：如果设置的"车削"对象的"度"小于360度，它控制是否在"车削"对象内部创建封口。

①【封口始端】：封口设置的"度"小于360度的"车削"对象的始点，并形成闭合图形。

②【封口末端】：封口设置的"度"小于360度的"车削"对象的终点，并形成闭合图形。

③【变形】：根据创建变形目标的需要，以可预见、可重复的模式排列封口面。渐进封口可以产生细长的面，而不像栅格封口需要渲染和变形。如果要车削出多格渐进目标，则主要使用渐进封口的方法。

④【栅格】：在图形边界上的方形修剪栅格中安排封口面。此方法产生尺寸均匀的曲面，可使用其他修改器将这些曲面变形。

6）【方向】选项组：

【X】/【Y】/【Z】：相对对象轴点，设置轴的旋转方向。

7）【对齐】选项组：

【最小】/【中心】/【最大】：将旋转轴与图形的最小/中心/最大范围对齐。

8）【输出】选项组：

①【面片】：产生一个可以折叠到面片对象中的对象。

②【网格】：产生一个可以折叠到网格对象中的对象。

③【NURBS】：产生一个可以折叠到NURBS对象中的对象。

图3-6 【车削】的【参数】卷展栏

9）【生成贴图坐标】：将贴图坐标应用到"车削"对象中。当"度"的值小于360度时，启用此项目，将另外的贴图坐标应用到末端封口中，并在每一封口上放置一个1×1的平铺图案。

10）【生成材质ID】：将不同的材质ID指定给"车削"对象的侧面与封口。

11）【使用图形ID】：将材质ID指定给车削产生的样条线中的线段或NURBS车削产生的曲线子对象。仅当启用【生成材质ID】选项时，【使用图形ID】选项可用。

12）【平滑】：将平滑应用于车削图形。

（2）实例：车削酒杯。

本案例利用修改器中的【车削】命令制作酒杯模型。创作思路：首先利用二维图形线形绘制调整酒杯车削线，然后增加【车削】修改器，制作酒杯模型。这项命令是通过旋转一个二维图形产生三维造型，如花瓶、饮料瓶、杯子、碟子、碗、苹果等物体都可以利用【车削】命令制作。

1）单击【创建】面板→【图形】→【线】按钮，在前视图中创建线形，如图3-7所示。

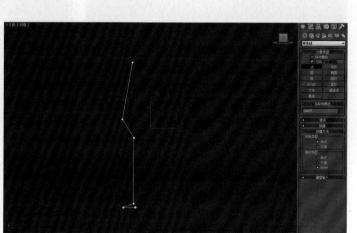

图3-7 创建线形

2）用【选择】工具选择刚才画的线形，在【修改】面板的修改器堆栈中单击"Line"前面的"+"号展开次对象层级，选择【顶点】子对象，在【几何体】卷展栏中单击【圆角】按钮，将线的顶点进行圆角，如图3-8所示。

3）在修改器堆栈的次对象层级中选择【样条线】子对象，在【几何体】卷展栏中单击【轮廓】按钮，将酒杯侧面线进行轮廓，轮廓之后的线是双线，如图3-9所示。这样车削制作出来的酒杯就不是单面物体，渲染后物体的质感更好。

4）单击【修改器列表】右边的倒三角形按钮，给线性增加一个【车削】修改器。车削后的物体与酒杯的外形有所不同，需要对车削的参数进行调节。车削的参数设置：【度数】设置为360；选中【焊接内核】复选框；在【对齐】选项区域中单击【最大】按钮。调整的形状如图3-10所示。

5）最后对外形做进一步的调整。回到修改器堆栈的次对象层级中的"顶点"子对象，选择并移动顶点，在选中的顶点右击，可以在弹出的快捷菜单中设置该点的平滑属性，调整的形状如图3-11所示。

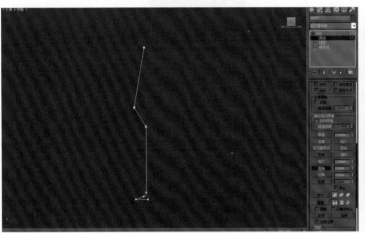

图3-8　调整点

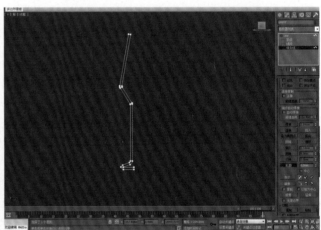

图3-9　轮廓之后的线

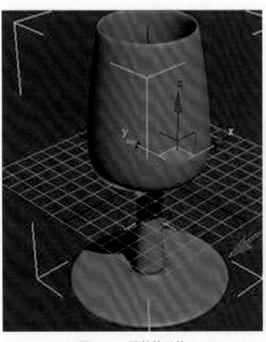

图3-10　调整的形状

图3-11　制作完成

3.3 创建"放样"对象

3.3.1 创建方法

创建"放样"对象的基本过程如下：

（1）创建要成为放样路径的图形。

（2）创建要作为放样横截面的一个或多个图形。

（3）选择路径图形并使用【获取图形】命令将横截面添加到放样，或选择图形并使用【获取路径】命令对放样指定路径，使用【获取图形】命令添加附加的图形。

3.3.2 卷展栏

（1）【创建方法】卷展栏。

在图形或路径之间选择用于使用【创建方法】卷展栏创建放样对象的操作类型，如图 3-12 所示。

在【创建方法】卷展栏上，确定使用图形还是路径创建放样对象，确定对结果放样对象使用的操作类型。

1）【获取路径】：将路径指定给选定图形或更改当前指定的路径。

2）【获取图形】：将图形指定给选定路径或更改当前指定的图形。

3）【移动】/【复制】/【实例】：用于指定路径或图形转换为放样对象的方式。可以移动，但这种情况下不保留副本或实例。

（2）【曲面参数】卷展栏。

图 3-12 【创建方法】卷展栏

在【曲面参数】卷展栏上，用户可以控制放样曲面的平滑以及指定是否沿着放样对象应用纹理贴图，如图 3-13 所示。

1）【平滑长度】：沿着路径的长度提供平滑曲面。当路径曲线或路径上的图形更改大小时，这类平滑非常有用。默认为启用。

2）【平滑宽度】：围绕横截面图形的周界提供平滑曲面。当图形更改顶点数或更改外形时，这类平滑非常有用。默认为启用。

3）【应用贴图】：启用和禁用放样贴图坐标。必须启用该选项才能访问其余项目。

4）【长度重复】：设置沿着路径的长度重复贴图的次数。贴图的底部放置在路径的第一个顶点处。

5）【宽度重复】：设置围绕横截面图形的周界重复贴图的次数。贴图的左边缘将与每个图形的第一个顶点对齐。

6）【规格化】：启用该选项后，将忽略顶点。将沿着路径长度并围绕图形平均应用贴图坐标和重复值。如果禁用该选项，主要路径划分和图形顶点间距将影响贴图坐标间距。将按照路径划分间距或图形顶点间距成比例应用贴图坐标和重复值。

图 3-13 【曲面参数】卷展栏

7)【生成材质 ID】：在放样期间生成材质 ID。

8)【使用图形 ID】：提供使用样条线材质 ID 来定义材质 ID 的选择。

9)【面片】：放样过程可生成面片对象。

10)【网格】：放样过程可生成网格对象。这是默认设置，在 3ds Max 3 之前的版本中，只有输出类型可用于放样。还可以通过从修改器堆栈快捷菜单中选择【转化为：NURBS】命令，从放样创建 NURBS 对象。

（3）【路径参数】卷展栏。

使用【路径参数】卷展栏可以控制沿着放样对象路径在各个间隔期间的图形位置。在【路径参数】卷展栏中，可以控制沿着放样对象路径在不同间隔期间的多个图形位置，如图 3-14 所示。

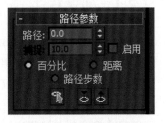

图 3-14　【路径参数】卷展栏

1)【路径】：通过输入值或利用微调器设置路径的级别。如果【捕捉】选项处于启用状态，该值将变为上一个捕捉的增量。该路径值依赖于所选择的测量方法。更改测量方法将导致路径值的改变。

2)【捕捉】：用于设置沿着路径图形之间的恒定距离。该捕捉值依赖于所选择的测量方法。更改测量方法也会更改捕捉值以保持捕捉间距不变。

3)【启用】：当选中【启用】复选框时，【捕捉】选项处于活动状态。默认设置为禁用状态。

4)【百分比】：将路径级别表示为路径总长度的百分比。

5)【距离】：将路径级别表示为路径第一个顶点的绝对距离。

6)【路径步数】：将图形置于路径顶点上，而不是作为沿着路径的一个百分比或距离。

7)【拾取图形】：将路径上的所有图形设置为当前级别。当在路径上拾取一个图形时，将禁用【捕捉】选项，且当路径设置为拾取图形的级别时，会出现黄色 X。该按钮仅在【修改】面板中可用。

8)【上一个图形】：从路径层级的当前位置上沿路径跳至上一个图形上，黄色 X 出现在当前级别上。单击此按钮可以禁用【捕捉】选项。

（4）【蒙皮参数】卷展栏。

在【蒙皮参数】卷展栏中，可以调整放样对象网格的复杂性，还可以优化网格，如图 3-15 所示。

图 3-15　【蒙皮参数】卷展栏

1)【封口始端】：如果启用，则路径第一个顶点处的放样端被封口。如果禁用，则放样端为打开或不封口状态。默认设置为启用。

2)【封口末端】：如果启用，则路径最后一个顶点处的放样端被封口。如果禁用，则放样端为打开或不封口状态。默认设置为启用。

3)【变形】：创建变形目标所需的可预见且可重复的模式排列封口面。变形封口产生细长的面，与那些采用栅栏封口创建的面一样，这些面也不进行渲染或变形。

4)【栅格】：在图形边界处修建的矩形栅格中排列封口面。此方法将产生一个由大小均等的面构成的表面。这些面可以很容易地被其他修改器变形。

5)【图形步数】：设置横截面图形的每个顶点之间的步数。该值会影响沿放样长度方向的分段数目。

6)【路径步数】：设置仅适用于弯曲截面。仅在【路径步数】模式下才可用。默认为禁用。

7)【优化图形】：如果启用，则对于横截面的直分段，忽略【图形步数】。

8)【自适应路径步数】：如果启用，则分析放样，并调整路径分段的数目，以生成最佳蒙皮。

主分段将沿路径出现在路径顶点、图形位置和变形曲线顶点处。如果禁用,则主分段将沿路径只出现在路径顶点处。默认为启用。

9)【轮廓】:如果启用,则每个图形都将遵循路径的曲率。每个图形的正 Z 轴与形状层级中路径的切线对齐。如果禁用,则图形保持平行,且与放置在层级 0 中的图形保持相同的方向。默认为启用。

10)【倾斜】:如果启用,则只要路径弯曲并改变其局部 Z 轴的高度,图形便围绕路径旋转。倾斜量由 3ds Max 控制。如果是二维路径,则忽略该选项。如果禁用,则图形在穿越三维路径时不会围绕其 Z 轴旋转。默认为启用。

11)【恒定横截面】:如果启用,则在路径中的角点处缩放横截面,以保持路径宽度一致。如果禁用,则横截面保持其原来的局部尺寸,从而在路径角点处产生收缩。

12)【线性插值】:如果启用,则使用每个图形之间的直边生成放样蒙皮。如果禁用,则使用每个图形之间的平滑曲线生成放样蒙皮。默认为禁用。

13)【翻转法线】:如果启用,则将法线翻转 180 度。可使用此选项来修正内部外翻的对象。默认设置为禁用。

14)【变换降级】:使放样蒙皮在子对象图形 / 路径变换过程中消失。例如,移动路径上的顶点使放样消失。如果禁用,则在子对象变换过程中可以看到蒙皮。默认为禁用。

15)【蒙皮】:如果启用,则使用任意着色层在所有视图中显示放样的蒙皮,并忽略【着色视图中的蒙皮】设置。如果禁用,则只显示放样子对象。默认为启用。

(5)【变形】卷展栏。

变形控件用于沿着路径缩放、扭曲、倾斜、倒角或拟合形状。所有变形的界面都是图形。图形上带有控制点的线条代表沿着路径的变形。为了建模或生成各种特殊效果,图形上的控制点可以移动或设置动画。

通过沿着路径动手创建和放置图形来生成这些模型是一项艰巨的任务。放样通过使用变形曲线使这个问题迎刃而解。变形曲线定义沿着路径缩放、扭曲、倾斜和倒角变化。

通过【修改】面板的【变形】卷展栏,可以访问放样变形曲线。【变形】卷展栏在【创建】面板上不可用,必须在放样后打开【修改】面板才能使用,如图 3-16 所示。该卷展栏提供以下功能:

1)每个变形按钮显示其变形对话框。

2)可以同时显示任何或所有变形对话框。

3)每个变形按钮右侧的按钮用来启用或禁用变形效果的切换。

图 3-16 【变形】卷展栏

(6)实例:创建窗帘。

1)执行【创建】→【图形】→【线】命令,在【修改】面板中修改【初始类型】和【拖动类型】都为【光滑】,在顶视图中创建曲线,如图 3-17 所示的曲线为窗帘的截面图形,命名为"截面"。

2)执行【创建】→【图形】→【线】命令,创建直线如图 3-18 所示,此曲线为窗帘的高度及侧面的形状,命名为"窗帘"。

图 3-17 截面曲线

图 3-18 窗帘

3）选择前视图中的线，执行【创建】→【几何体】→【复合对象】→【放样】命令，单击【创建方法】卷展栏下的【拾取截面】按钮，然后拾取视图中的窗帘的截面图形物体"截面"，效果如图 3-19 所示。

4）在【修改】面板中单击【变形】卷展栏下的【缩放】按钮，弹出放样物体的【缩放】控制面板，单击【显示 X 轴】按钮，再单击【插入

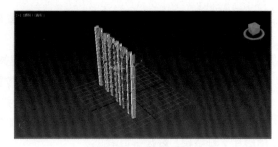

图 3-19 放样后效果

角点】按钮，在控制线上加点；单击【移动控制点】按钮可移动控制点，然后在新加入的控制点上单击鼠标右键，选择【Bezier 角点】命令，即可调整曲线弯曲度，如图 3-20 所示。在视图中的窗帘随之产生变形，如图 3-21 所示。

参数说明如下：

① ▲（Make Symmetrical）：均衡；

② ╱（Display X Axis）：显示 X 轴；

③ ╲（Display Y Axis）：显示 Y 轴；

④ ✕（Display X Y Axis）：显示 XY 轴；

⑤ ✛（Move Control Points）：移动关键点；

⑥ ▮（Scale Control Points）：缩放关键点；

⑦ ⌐（Insert Control Points）：插入关键点；

⑧ ▫（Delete Control Points）：删除关键点；

⑨ ✕（Reset）：复位变形曲线。

5）进入放样物体的【图形】次物体层级，在视图中选择模型上的放样曲线，在【对齐】选项组中单击【左】按钮，如图 3-22 所示。可以看到模型只在单边产生缩放，效果如图 3-23 所示。

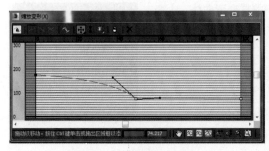

图 3-20 【缩放】对话框

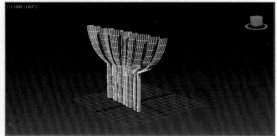

图 3-21 缩放效果

图 3-22 【图形命令】
卷展栏

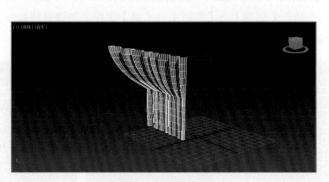

图 3-23 对齐效果

3.4 FFD 修改器

FFD 修改器在室内设计中可以用于构建类似椅子或弧形墙体这样的圆形物体。

FFD 修改器通过调整晶格的控制点可以改变封闭几何体的形状。3ds Max 中有 3 个 FFD 修改器，每个都提供不同的晶格解决方案：2×2×2、3×3×3、4×4×4。如 FFD 3×3×3 修改器提供了具有 3 个控制点的晶格或在每一侧面放置一个控制点（共 9 个）。

系统还提供了两个 FFD 相关的修改器——FFD 长方体修改器和 FFD 圆柱体修改器，通过它们可以在晶格上设置任意数目的点，使系统的功能更强大。FFD4×4×4 修改器堆栈界面如图 3-24 所示。

【控制点】：通过此子对象层级可以选择并操纵晶格的控制点，可以一次以一个或一组为单位处理。

图 3-24 FFD 4×4×4 修改器堆栈界面

【晶格】：通过此子对象层级，可以从几何体中单独地摆放、旋转或缩放晶格框。

【设置体积】：通过此子对象层级，变形晶格控制点变为绿色，可以选择并操作控制点而不影响修改对象。

（1）【FFD 参数】卷展栏。

【FFD 参数】卷展栏如图 3-25 所示。

1）【显示】选项组。

①【晶格】：绘制连接控制点的线条以形成栅格。虽然绘制的线条有时会使视口显得混乱，但它们可以使晶格形象化。

②【源体积】控制点和晶格以未修改的状态显示。

提示：要查看位于源体积（可能会变形）中的点，可通过单击堆栈中显示出的关闭灯泡图标来暂时取消激活修改器。

2）【变形】选项组。

①【仅在体内】：只有位于源体积内的顶点会变形。默认为启用。

②【所有顶点】：将所有顶点变形，不管它们位于源体积的内部还是外部。体积外的变形是对体积内的变形的延续。远离源晶格的点的变形可能会很严重。

图 3-25 【FFD 参数】卷展栏

3）【控制点】选项组。

①【重置】：将所有控制点返回它们的原始位置。

②【全部动画化】：在默认情况下，FFD 晶格控制点将不在【轨迹视图】中显示出来，因为没有给它们指定控制器。在设置控制点动画时，给它们指定了控制器，则它们在【轨迹视图】中可见。

③【与图形一致】：在对象中心控制点位置之间沿直线延长线，将每个 FFD 控制点移到修改对象的交叉点上，这将增加一个由【偏移】微调器指定的偏移距离。

注意：将【与图形一致】选项应用到规则图形效果很好，如基本体。将其应用到退化（长、窄）面或锐角效果不佳。这些图形不可使用这些控件，因为它们没有相交的面。

④【内部点】：仅控制受【与图形一致】选项影响的对象内部点。

⑤【外部点】：仅控制受【与图形一致】选项影响的对象外部点。

⑥【偏移】：控制受【与图形一致】选项影响的控制点偏移对象曲面的距离。

⑦【关于】：显示版权和许可信息对话框。

（2）实例。

下面使用 FFD 修改器创建沙发，沙发效果图如图 3-26 所示。

图 3-26 沙发效果图

1）执行【文件】→【重置】命令，重置系统。

2）设置单位。

3）建立底座。单击【几何体】按钮，进入【几何体创建】面板，单击【标准几何体】按钮，再单击【长方体】按钮，在顶视图中建立一个长方体，设置【长度】为 100，【宽度】为 260，【高度】为 3，【长度分段】为 1，【宽度分段】为 1，【高度分段】为 1，如图 3-27 所示。

单击【几何体】按钮，进入【几何体创建】面板，选择【标准几何体】下拉列表框中的【扩展基本体】命令，再单击【切角长方体】按钮，在顶视图中建立一个倒角长方体，设置【长度】为 100，【宽度】为 260，【高度】为 3，【倒角】为 3，【长度分段】为 1，【宽度分段】为 1，【高度分段】为 1，【倒角分段】为 3，并在前视图中将它移动到地板的上方，如图 3-28 所示。

4）建立坐垫。单击【切角长方体】按钮，在顶视图中建立一个倒角方体，设置【长度】为 80，【宽度】为 70，【高度】为 20，【倒角】为 3，【长度分段】为 4，【宽度分段】为 4，【高度分段】为 4，【倒角分段】为 3，如图 3-29 所示。

5）修改坐垫。在【修改器列表】中选择 FFD 3×3×3 修改器，在修改器堆栈中选择【控制点子对象】级别，在顶视图中选择控制点最上面中心的点，在前视图中将其向上移动，如图 3-30 所示。

6）继续修改坐垫。在左视图中框选右上角的点，将其向左稍微移动，如图 3-31 所示。

7）复制坐垫。取消控制点的选择，在顶视图中通过按住 Shift 键移动坐垫的方式复制两个底座，如图 3-32 所示。

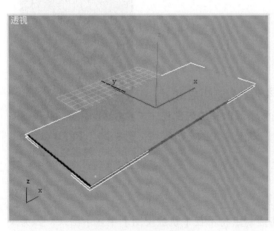

图 3-27 创建几何体

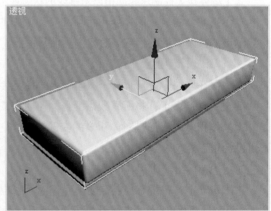

图 3-28 建立底座

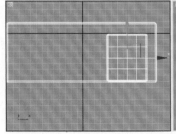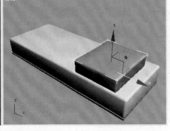

图 3-29 建立坐垫

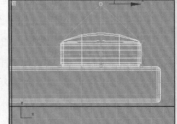

图 3-30 修改坐垫（1）

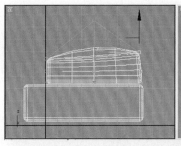 

图 3-31 修改坐垫（2）

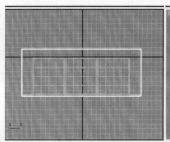 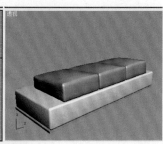

图 3-32 复制坐垫

8）创建扶手。在顶视图中创建切角长方体，【长度】为 100，【宽度】为 25，【高度】为 70，【圆角】为 3，【长度分段】为 4，【宽度分段】为 4，【高度分段】为 4，【倒角分段】为 3，如图 3-33 所示。

9）修改扶手。在【修改器列表】中选择 FFD 3×3×3 修改器，然后选择【控制点子物体】级别，在前视图中选择最上层的控制点，将其向左方稍微移动，将其修改为向左倾斜，然后再在前视图中选择最上方控制点的中间的点，将其向上移动，如图 3-34 所示。

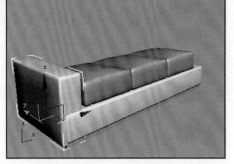

图 3-33 创建扶手

10）复制右侧扶手。选择左侧扶手，单击【工具】面板中的【镜像】按钮，设置镜像轴为 X，执行【克隆当前】→【复制】命令，并将其移动到右侧，如图 3-35 所示。

11）创建靠背。在顶视图中创建切角长方体，【长度】为 20，【宽度】为 130，【高度】为 40，【圆角】为 3，【长度分段】为 4，【宽度分段】为 4，【高度分段】为 4，【倒角分段】为 3，如图 3-36 所示。

12）复制靠背。通过按住 Shift 键移动靠背的方式复制靠背，设置【克隆】选项中对象的方式为【实例】，如图 3-37 所示。

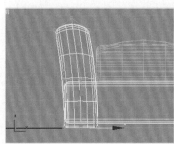

图 3-34 修改扶手

图 3-35 复制右侧扶手

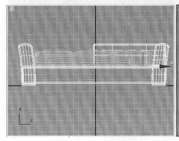

图 3-36 创建靠背

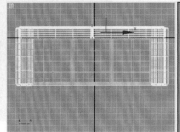 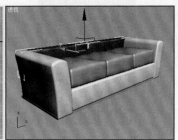

图 3-37 复制靠背

13）修改靠背。选择其中一个靠背，在【修改器列表】中选择 FFD3×3×3 修改器，并选择【控制点子物体】级别，在左视图中修改控制点，如图 3-38 所示。

14）创建沙发脚。在顶视图中创建长方体，【长度】为 10，【宽度】为 10，【高度】为 -12，在【修改器列表】中选择【锥化】修改器，数值设置为 0.3，复制 4 个沙发脚放在适当的位置，如图 3-39 所示。

15）最终效果如图 3-26 所示。

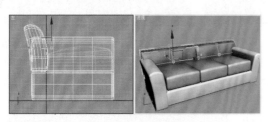 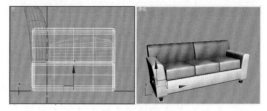

图 3-38　修改靠背　　　　　　　　　　图 3-39　创建沙发脚

3.5　可编辑多边形

选择物体后在视图中单击鼠标右键，并在弹出的快捷菜单选择【转化为】命令的子命令【转化为可编辑多边形】或在【修改器列表】中选择【可编辑多边形】修改器。【可编辑多边形】修改器堆栈如图 3-40 所示。

3.5.1　多边形的选择功能

与编辑网格的【选择】卷展栏相比，多边形的【选择】卷展栏包含了几个特有的功能选项，如图 3-41 所示，下面对其主要功能进行讲解：

该卷展栏的上方提供了 5 种网格对象的次对象级（图 3-42）： 【点级】、 【边级】、 【面级】、 【多边形级】和 【元素级】，单击这些按钮同在修改器堆栈中打开 "+" 号选择相应的次对象的名称作用相同。

【按角度】：如果与选择的面所成角度在后面输入框中所设的阈值范围内，那么这些面会同时被选择。

【扩大】：可以沿当前选择区的边界增大当前选择区（图 3-43）。

【收缩】：选项表示与【扩大】选项相反的操作（图 3-44）。

图 3-40　【可编辑多边形】修改器堆栈

图 3-41　【选择】卷展栏

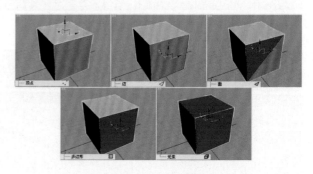

图 3-42　次对象级

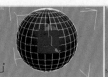　　　

图 3-43　扩大　　　　　　　　　　　　　　　　　图 3-44　收缩

　　【环形】和【循环】选项仅在边和边界子对象模式下可用。可以围绕整个对象水平或垂直地选择所有相邻的子对象。【环形】选项选择所有平行边，

图 3-45　状态对比

【循环】选项会搜索绕某一对象的所有边，且与初始选择的对齐方式相同。如图 3-45 所示，左边是一个边的选择状态，中间是使用环形操作后的状态，右边是使用循环后操作的状态。

3.5.2　【编辑几何体】卷展栏

　　【编辑几何体】卷展栏中的设置可用于整个多边形物体，下面对其主要功能进行讲解（图 3-46）：

　　（1）【重复上一个】：该按钮的作用是将最近的一次修改重复应用到刚选择的子物体上。

　　（2）【约束】：默认状态下是没有约束的，这时子物体可以在三维空间中不受任何限制地进行自由变换。约束有两种：一种是沿着"边"的方向进行移动；另一种是在它所属的"面"上进行移动。

　　（3）【保持 UV】：选中此复选框后在变动子物体时附在它上面的贴图不会跟着变动。

　　（4）【附加】：该按钮在所有次对象层有效并对对象级网格对象有效。对于对象级网格对象来说，单击【附加】按钮，再在视图中单击其他对象，即可将它合并入当前对象。如果合并后还想分离出去，就要进入【面】次对象级，按元素方式选择分离部分，单击【分离】按钮将其分离，这与单击【附加】按钮所进行的是相反的操作。对于网格对象次对象来说，可将指定的次对象合并到当前对象上，类似于【编辑样条线】编辑修改器中的【附加】功能。

　　注意：结合对象时，对材质的变化要进行说明，主要有以下两种情况：

　　1）当前对象有材质，要附加进来的对象无材质；或者当前对象无材质，要附加进来的对象有材质。附加后，附加对象将把具有材质的对象的材质作为结合体的材质。

　　2）两个对象都有材质，附加将自动产生多维次对象材质，将它们的材质合并在一起。

　　（5）【附加列表】：允许连接场景中的对象到被选网格。单击显示【名称选择】对话框，可从中选择多个连接对象。

　　（6）【分离】：该按钮在除边以外的所有次对象层都有效。利用它可将选择的点及其定义的面或选中的面次对象分离成一个独立的对象。选择网格对象的部分次对象，单击【分离】按钮，将弹出【分离】对话框（图 3-47），在其中可设置分离出去的次对象的属性。

图 3-46　【编辑几何体】卷展栏

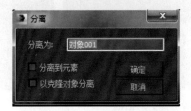

图 3-47　【分离】对话框

若选中【分离到元素】复选框，所选中的网格次对象虽与原网格对象分离，但仍然属于原网格对象的次对象。若选中【以克隆对象分离】复选框，则原网格对象不变，所选的次对象将被复制成为一个独立的网格对象，此时该网格对象不属于原网格对象的次对象。

（7）【重置平面】：将切片平面返回到默认位置和方向。只有启用【切片平面】选项时此选项才有效。

（8）【快速切片】：无须操作线框快速切割对象。选择对象后，单击【快速切片】按钮，然后在切片的起始点单击一次，再单击它的末端点。该命令激活时可以连续切割选择集。在视口中单击鼠标右键或者再次单击【快速切片】按钮，停止切片操作。

（9）【网格平滑】：设置网格光滑选择。此命令使用的细分功能类似于【网格平滑】修改器中的相同选项。单击该按钮，打开【网格平滑选择】对话框，指定光滑程度，如图 3-48 所示。

1）【平滑度】：在加入多边形光滑之前，指定角的锐化方式。平滑度以所有连接一个节点的边的平均角度计算。设置为 0.0 不创建任何多边形，设置为 1.0 将为所有节点增加多边形，即便在同一个平面上。

2）【分隔方式】：

①由【平滑组】分隔，就是在没有共享光滑组的多边形之间的边上阻止创建新的多边形。

②由【材质】分隔，就是在没有共享材质的多边形之间的边上阻止创建新的多边形。

（10）【细化】：基于细化设置细分选择。建模时其对于增加局部网格密度的细化是很有用的。可以细分多边形的任一选择。有两种细化方法可以使用：边和面。单击【细化】按钮，打开【细化选择】对话框，指定光滑程度。【细化选择】对话框如图 3-49 所示。

1）【边】：在每条边的中间插入节点并描绘连接这些节点的直线。创建的多边形的数量等于初始多边形的侧面的数量。

2）【面】：在每个多边形的中心增加节点并绘制连接新增节点到原始节点的直线。创建的多边形数量与初始多边形的侧面数量相等。

3）【张力】：增加或减少边的张力数值。只有在边被激活时有效。负值使节点从平面向内拉伸，导致凹面效果。正值使节点从平面向外拉伸，导致圆形效果。

3.5.3 编辑顶点

【编辑顶点】卷展栏中包含针对点编辑的命令，如图 3-50 所示。下面对其主要功能进行讲解：

（1）【移除】：删除选择的对象并且合并使用这些对象的多边形。

（2）【挤出】：无论是挤出一个点还是多个点，对于单个点的效果都是一样的。单击【挤出】按钮，然后直接在视图上单击并拖动点，左右移动鼠标，此点会分解出与其所连接的边数目相同的点；再上下移动鼠标，会挤压出一个锥体的形状（图 3-51）。也可以单击按钮右侧的小方块打开【挤出顶点】对话框（图 3-52）进行精确挤压。

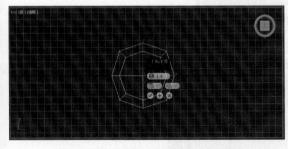

图 3-48 【网格平滑选择】对话框

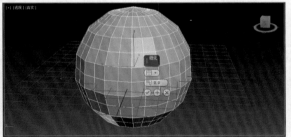

图 3-49 【细化选择】对话框

图 3-50 【编辑顶点】卷展栏

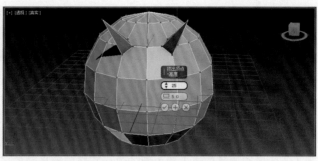

图 3-51　挤压出锥体　　　　　　　　　图 3-52　【挤出顶点】对话框

（3）【切角】：这个命令相当于挤出时只左右移动鼠标而将点分解（图 3-53），它的对话框中只有一项【切角量】的设置（图 3-54）。

（4）【连接】：可以在一对选择的点（两点应在同一个面内，但不能相邻）之间创建出新的边（图 3-55）。

（5）【移除孤立顶点】：可以将不属于任何多边形的独立点删除。

（6）【移除未使用的贴图顶点】：可以将未使用的贴图顶点删除。

（7）【权重】：该命令可以调节被选节点的权重。要想看到权重调节的效果应该至少将多边形细分一次，然后选择点并调节该值：大于 1 的值可以将点所对应的面向点的方向拉近，而小于 1 的值可以将点所对应的面向远离点的方向推远（图 3-56）。

3.5.4　编辑边

【编辑边】卷展栏（图 3-57）是编辑多边形边的，下面具体介绍其中各按钮及选项的功能。

（1）【插入顶点】：在边上任意插入点，当单击此按钮后，物体上的点会显示出来。

（2）【分割】：沿着被选边分割网格。

（3）【挤出】：在视口中直接手动操作。挤压边。单击此按钮，垂直拖拽边即可达到挤压的效果。

（4）【目标焊接】：选择一条边将其焊接到目标边。定位到一条边时，鼠标指针变成"＋"形状。

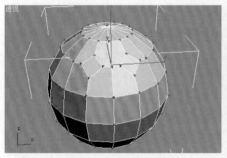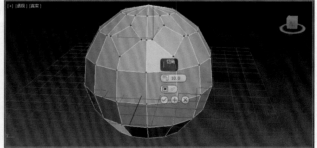

图 3-53　点分解效果　　　　　　　　　图 3-54　【切角顶点】对话框

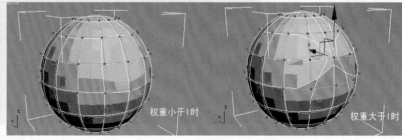

图 3-55　创建新边　　　　　　　　　　图 3-56　不同权重值的对比

单击此按钮并拖动鼠标，显示一条虚线，始于节点，指向线的另一端。将鼠标指针定位在另一条边上，当鼠标指针再次变成"＋"形状时，单击此按钮，则第一条边移动到第二条边的位置，两条边焊接在一起。

（5）【切角】：单击此按钮，在激活对象内拖拽边，切角节点，单击【切角设置】按钮 可改变切角的数量。

（6）【连接】：在被选的每对边之间创建新边。

（7）【利用所选内容创建图形】：作用是将选择的边复制分离出来（不会影响原来的边）成为新的边，它将脱离当前的多边形变成一条独立的曲线。

（8）【权重】：设置被选边界的权重。

（9）【折缝】：指定在被选的边界上执行折缝的程度。

图 3-57　【编辑边】卷展栏

（10）【编辑三角形】：通过拖拽内部边，修改被选多边形将其细分成三角形的方式。

（11）【旋转】：改变三角面连线的走向，只要单击视图中三角面的连线即可，注意单击的是虚线。

3.5.5　编辑多边形边界线

【编辑边界】卷展栏如图 3-58 所示。

（1）【插入顶点】：使用该命令可以在边界上任意插入点。

（2）【封口】：可以将选择的要闭合的边界进行封口（图 3-59）。

（3）【挤出】：使用该命令可以挤压边界。

（4）【切角】：使用该命令可以将边界分解为两条。

（5）【连接】：使用该命令可以在两条相邻的边界之间的面上创建连接线。

（6）【利用所选内容创建图形】：使用该命令可以将选择的边界复制分离出来。

图 3-58　【编辑边界】卷展栏

（7）【权重】/【折缝】：这些选项与【编辑边】卷展栏中的命令作用是相同的，设置也是完全一样的。

（8）【桥】：将两条边界连接起来，就像在两者之间创建一条通道一样。效果如图 3-60 所示。

3.5.6　编辑多边形

面是多边形中非常重要的子物体，打开【编辑多边形】卷展栏，如图 3-61 所示。

（1）【插入顶点】：可以在面上直接单击来插入顶点，插入的效果如图 3-62 所示。

（2）【挤出】：在视口中直接手动操作，挤压多边形。

图 3-59　封盖边界

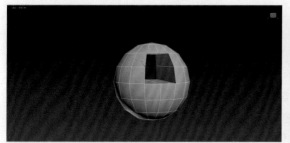

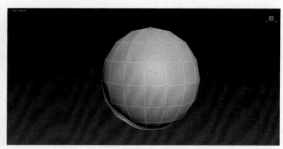

图 3-60　创建通道的效果　　　　图 3-61　【编辑多边形】　　　　图 3-62　插入顶点
　　　　　　　　　　　　　　　　　　　　　卷展栏

（3）【轮廓】：增加或减少被选多边形每个相邻组的外部边。

【轮廓设置】■：单击【轮廓设置】按钮，打开【轮廓选择表面】对话框，通过设置参数执行【轮廓】命令。

（4）【倒角】：通过直接在视口中单击拖动鼠标执行手动倒角操作。单击此按钮，然后垂直拖动任何多边形，以便将其挤出。释放鼠标，然后垂直移动光标，以便设置挤出轮廓。单击鼠标左键结束创建。如果光标位于选定多边形上，将会更改为"倒角"光标。选定多个多边形时，如果拖动任何一个多边形，将会均匀地倒角所有的选定多边形。激活【倒角】按钮时，可以依次拖动其他多边形，使其倒角。再次单击【倒角】按钮或用鼠标右键单击，以便结束操作。

【倒角设置】■：单击此按钮，打开【倒角选择】对话框。通过输入数值的方式设置倒角的数量。如果在执行倒角操作之后单击此按钮，对当前选定内容和预览执行的倒角操作相同。此时，将会打开该对话框，其中显示以前执行该命令时的设置。

（5）【插入】执行没有高度的倒角操作，即在选定多边形的平面内执行该操作。单击此按钮，然后垂直拖动任何多边形，以便将其插入。如果光标位于选定多边形上，将会更改为"插入"光标。选定多个多边形时，如果拖动任何一个多边形，将会均匀地插入所有的选定多边形。激活【插入】按钮时，可以依次拖动其他多边形，以便将其插入。再次单击【插入】按钮或用鼠标右键单击，以便结束操作。

（6）【翻转】：反转选定多边形的法线方向。

（7）【桥】：功能与【编辑边界】卷展栏中的搭桥是相同的，只不过这里选择的是对应的面而已。

（8）【从边旋转】：通过在视口直接手动操作执行旋转拉伸。

1）【从边旋转设置】：打开以边为中心的旋转拉伸，通过交互操作旋转拉伸多边形。

2）【沿样条线挤出】：沿着样条线挤压当前选择。

3.5.7　编辑多边形元素

在【编辑元素】卷展栏中，共有 5 个按钮（图 3-63），各按钮的功能与其他卷展栏中的同名按钮的功能基本相同，这里只作简单说明：可以在元素上直接单击【插入顶点】按钮来插入点；【翻转】按钮可以使选中元素的表面法线反转；【编辑三角剖分】按钮被单击后，元素会显示为三角面构成，这时可以通过连接两个点来改变三角面连线的走向；【重复三角算法】按钮是将选择的元素中的多边面（超过四条边的面）自动以最好的方式进行划分；【旋转】按钮也可改变三角面连线的走向，不过它只要选中后单击视图中三角面的连线就可以了（注意三角面的连线是用虚线表示的）。

图 3-63　【编辑元素】卷展栏

3.5.8 【细分曲面】卷展栏

（1）【细分曲面】卷展栏如图 3-64 所示。

1）【平滑结果】：对所有的多边形使用同样的光滑组。

2）【使用 NURMS 细分】：通过 NURMS 细分使对象光滑。可通过【显示】和【渲染】选项组中的细分控制来控制光滑度。

注意：此卷展栏中的其余控制只有在选中【使用 NURMS 细分】复选框时才有效。

3）【等值线显示】选中此复选框，软件只显示等值线，即光滑之前对象的原始边。使用此选项的好处在于显示比较有条理。如不选中此复选框，则软件显示由 NURMS 细分增加的所有面。因此更高的细分设置将显示更多的线。

4）【显示】选项组：用来过滤和平滑用于 Audio 控制器的声波。

①【迭代次数】：设置用来光滑多边形对象的细分数量。每个细分产生由先前细分创建的节点的所有多边形。不选中该选项时，这个设置将同时在视口和渲染时控制细分；反之，只能在视口中控制细分。（技巧：每次细分时节点和多边形的数量会增加 4 倍，因此在对一个复杂对象使用 4 次细分时将会占用很长的计算时间。此时，可以按 Esc 键停止计算并返回先前的细分设置。）

图 3-64 【细分曲面】卷展栏

②【平滑度】：在添加并光滑多边形之前决定角的锐利度。

（2）实例：制作子弹模型。

1）在顶视图中创建 box，【长度】为 32，【宽度】为 32，【高度】为 2，如图 3-65 所示。

2）在视图中单击鼠标右键，执行【转换为】→【转换为可编辑多边形】命令。

3）在修改器堆栈中选择【多边形】编辑模式，选择图中所示的多边形，单击【编辑多边形】卷展栏下的【挤出】按钮，鼠标指针变成挤压图标，然后在图 3-65 中所选择的多边形上单击并拖动鼠标，产生图 3-66 所示的效果。

4）单击【编辑多边形】卷展栏中的【插入】按钮，然后在图 3-65 中所选择的多边形上单击并拖动鼠标，产生图 3-67 所示的效果。

5）再次执行【挤出】命令，将插入的多边形挤出一定高度，效果如图 3-68 所示。

6）执行【倒角】命令，在所选多边形上单击并拖动鼠标定出倒角的高度，释放鼠标后拖动鼠标确定倒角的角度。效果如图 3-69 所示。

7）在多边形显红的情况下单击【挤出】命令右侧的按钮，在弹出的对话框中输入高度值，使所选多边形再次挤出一定高度。效果如图 3-70 所示。

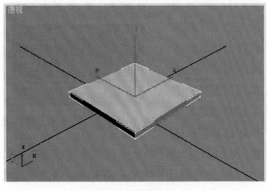

图 3-65 创建 box

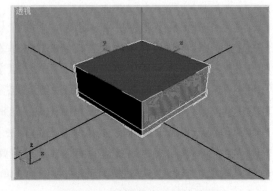

图 3-66 编辑多边形后的效果

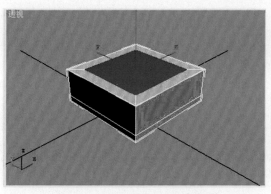

图 3-67　插入多边形后的效果

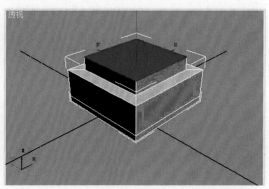

图 3-68　再次执行【挤出】命令的效果

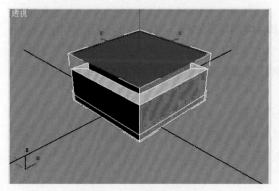

图 3-69　确定倒角角度

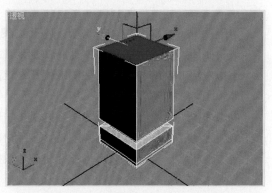

图 3-70　再次挤出多边形后的效果

8）再次执行【倒角】命令对多边形进行倒角操作，效果如图 3-71 所示。

9）再次执行【挤出】命令挤出多边形，效果如图 3-72 所示。

10）执行【倒角】命令制作凹入效果，方法为在所选多边形上单击并拖动鼠标定出倒角的高度，释放鼠标后拖动鼠标确定倒角的角度，效果如图 3-73 所示。

11）再次执行【倒角】命令将多边形倒角为图 3-74 所示效果。

12）再次执行【倒角】命令将多边形倒角为图 3-75 所示效果。

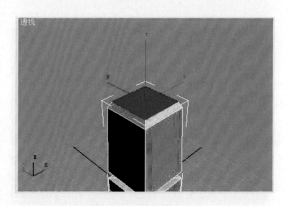

图 3-71　倒角效果（1）

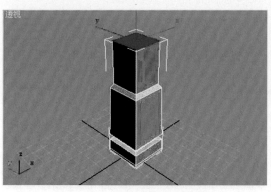

图 3-72　挤出多边形后的效果

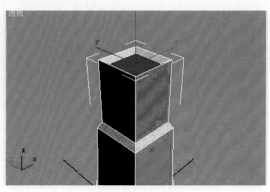

图 3-73　凹入效果（1）

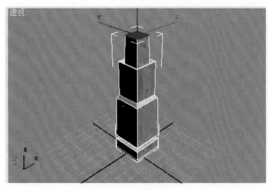

图 3-74　倒角效果（2）

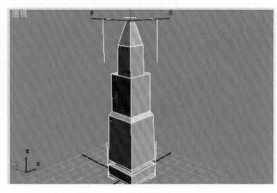

图 3-75　倒角效果（3）

（3）利用 Ctrl 键和鼠标中键调整透视图，使其能看到模型底部，然后选择底部的多边形，执行【插入】命令插入多边形，效果如图 3-76 所示。

（4）执行【挤出】命令向模型内部挤出一定高度使其有凹入效果，如图 3-77 所示。

（5）再次插入多边形，效果如图 3-78 所示。

（6）继续对多边形进行操作，将选中的多边形向下挤出一定高度，效果如图 3-79 所示。

（7）选中【细分曲面】卷展栏下的【使用 NURMS 细分】复选框，效果如图 3-80 所示。左图为迭代次数为默认值 1 时的效果；右图为迭代次数为默认值 2 时的效果。

（8）最终效果如图 3-81 所示。

（9）保存文件为"子弹 .max"。

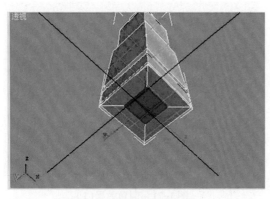

图 3-76　插入多边形（1）

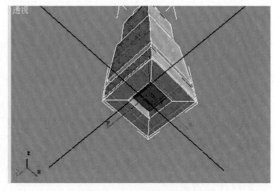

图 3-77　凹入效果（2）

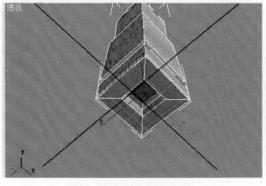

图 3-78　插入多边形（2）

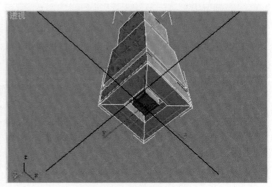

图 3-79　挤出多边形

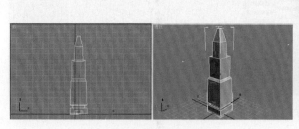

图 3-80 细分曲面后的效果

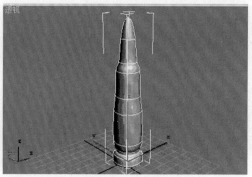

图 3-81 最终效果

3.6 贴图的坐标

UVW Map 编辑修改器用来控制对象的 UVW 贴图坐标，其【参数】卷展栏如图 3-82 所示，它提供了调整贴图坐标类型、贴图大小、贴图的重复次数、贴图通道设置和贴图的对齐设置等功能。

（1）【贴图】选项组。

1）【平面】方式：该贴图类型以平面投影方式向对象上贴图。它适合平面的表面，如纸和墙等。图 3-83 所示是采用【平面】方式的结果。

2）【柱形】方式：此贴图类型使用柱形投影方式向对象上贴图。像螺丝钉、钢笔、电话筒和药瓶等都适用于柱形贴图。图 3-84 所示是采用【柱形】方式的结果。

3）【球形】方式：该类型围绕对象以球形投影方式贴图，会产生接缝。在接缝处，贴图的边汇合在一起，顶面、底面也有两个接点，如图 3-85 所示。

4）【收缩包裹】方式：像球形贴图一样，它使用【球形】方式向对象投影贴图，但是【收缩包裹】方式将贴图所有的角拉到一个点，消除了接缝，只产生一个奇异点，如图 3-86 所示。

5）【长方体】方式：长方体贴图以 6 个面的方式向对象投影。每个面是一个平面贴图。面法线决定不规则表面上贴图的偏移，如图 3-87 所示。

6）【面】方式：该类型对对象的每个面应用一个平面贴图。其贴图效果与几何体面的多少有很大关系，如图 3-88 所示。

图 3-82 【参数】卷展栏

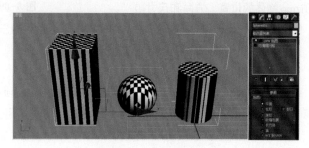

图 3-83 【平面】方式

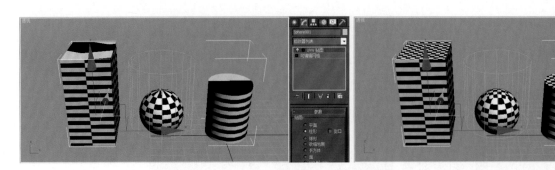

图 3-84 【柱形】方式

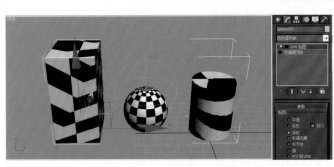

图 3-85 【球形】方式

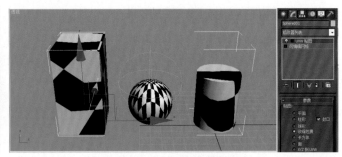

图 3-86 【收缩包裹】方式

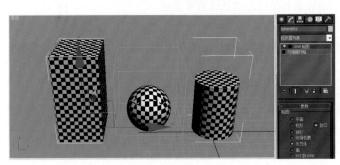

图 3-87 【长方体】方式

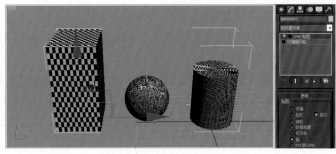

图 3-88 【面】方式

7）【XYZ 到 UVW】方式：此类贴图设计用于 3D Maps。它使 3D 贴图"粘贴"在对象的表面上，如图 3-89 所示。

8）【长度】【宽度】【高度】：分别指定代表贴图坐标的 Gizmo 物体的尺寸。在次物体级别中可以变换 Gizmo 物体的位置、方向和尺寸。

图 3-89 【XYZ 到 UVW】方式

9）【U 向平铺】【V 向平铺】【W 向平铺】：分别设置三个方向上贴图的重复次数。

10）【翻转】：将贴图按指定方向进行前后翻转。

（2）【通道】选项组。

系统为每个物体提供了 99 个贴图通道。默认使用的通道为 1，使用此选项组，可将贴图发送到任意一个通道中。通过通道用户可以为一个表面设置多个不同的贴图。

1）【贴图通道】：设置使用的贴图通道。

2）【顶点颜色通道】：指定点使用的通道。

（3）【对齐】：选项组。

该组参数用来设置贴图坐标的对齐方法。

1）【X】【Y】【Z】：选择对齐的坐标轴向。

2）【适配】：自动锁定到物体外围边界盒上。

3）【中心】：自动将 Gizmo 物体中心对齐到物体中心上。

4）【位图适配】：选择一张图像文件，将贴图坐标与它的长宽比对齐。

5）【法线对齐】：单击此按钮，将允许选择一个表面，贴图坐标将自动对齐到所选择表面的法线。

6）【视图对齐】：将贴图坐标与当前激活视图对齐。

7）【区域适配】：在视图上拖拽出一个范围，使贴图坐标与之匹配。

8）【重置】：将贴图坐标恢复为初始设置。

9）【获取】：通过选取另一个物体，从而将它的贴图坐标设置为当前物体的贴图坐标。

（4）【显示】选项组。

选中不同的单选项，可分别设置接缝的显示方式为：不显示接缝、显示薄的接缝、显示厚的接缝。

【技法演示】课后练习：
抱枕制作

◎ 本章小结

通过本章的学习，学习者应当对 3ds Max 的基本建模思路有一定的了解，能够创建一些比较简单的模型，并结合多边形层级修改面板创建更加复杂的模型。学习者应当在建模的练习中注意经验的积累，不断提升建模的技巧，选择最简单的建模方法来创建精确的模型，为后续学习渲染做好准备。

◎ 思考与实训

一、思考题

三维模型的制作思路是什么？

二、实训题

搜集资料，了解并认识不同种类的室内物品模型。

第四章 | 环境的创建与渲染

4.1 摄像机

　　3ds Max 系统中的摄像机与实际生活中的摄像机一样，都有镜头长短、视角大小的变化。摄像机可以帮助对画面进行构图，摄像机的位置决定了物体在画面中的位置、角度或室内空间的透视角度，在画面上的比例关系、位置关系。通过调整摄像机的焦距、位置、角度、高度可以得到合理、符合构图美学的透视效果。

4.1.1 摄像机的类型

　　摄像机是 3ds Max 中的对象类型，它定义观察图形的方向和投影参数。3ds Max 有两种类型的摄像机——目标摄像机和自由摄像机。

　　目标摄像机由视点和目标点两个对象组成，由一条线连接，对于静态的图像可以方便地定位视点和目标点的位置来方便地调整视图。

　　自由摄像机一般应用于制作摄像机动画，这样只要设置视点的动画位置即可。

4.1.2 参数详解

　　（1）【参数】卷展栏。

　　摄像机【参数】卷展栏主要包括用于控制摄像机镜头的聚焦和环境取景范围等参数的选项，如图 4-1 所示。

1）【镜头】：以毫米为单位设置摄像机的焦距，使用【镜头】微调器来设置焦距值。不同的焦距有其各自的特点，现介绍如下：

① 15 mm 的镜头称为鱼眼镜头，其特点是透视变形强烈。

② 45 ～ 50 mm 的镜头称为标准镜头，使用率最高，不变形。

③ 45 ～ 28 mm 的镜头称为广角镜头，视域较广，在同等距离可视范围比 50 mm 的镜头略广一些，但同时也会有一些变形。

④ 50 mm 以上的镜头称为长焦镜头，其功能和望远镜有些类似，可将较远的景象和场景拉到眼前。

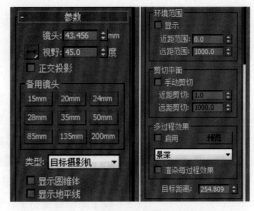

图 4-1 摄像机【参数】卷展栏

2）【FOV 方向弹出】按钮：可以选择怎样应用视野 FOV 值。

3）【正交投影】：选中此复选框，摄像机视口就好像用户视口一样，将去掉摄像机的透视效果；未选中此复选框，摄像机视口好像透视图视口一样。

4）【备用镜头】选项组：这里提供了 9 种常用的镜头供快速选择。只要单击就可以选择要使用的镜头。

5）【类型】下拉列表框：可以自由转换摄像机的类型，也就是可以将目标摄像机转换为自由摄像机，也可以将自由摄像机转换为目标摄像机。

6）【显示圆锥体】：选中该复选框，显示摄像机视野定义的锥形光线（实际上是一个四棱锥），锥形光线出现在其他视口中，但是不出现在摄像机视口中。

7）【显示地平线】：选中该复选框，在摄像机视口显示一条黑色的线来表示地平线，它只是在摄像机视口中显示。

8）【环境范围】选项组。

①【显示】：选中该复选框，将打开【近距范围】【远距范围】范围框，这样可以在视图上看到具体的范围。

②【近距范围】：设置环境影响的最近距离。

③【远距范围】：设置环境影响的最远距离。

9）【剪切平面】选项组。

①【手动剪切】：选中该复选框，将使用下面的数值控制水平面的剪切。

②【近距剪切】【远距剪切】：分别用来设置近距离剪切平面和远距离剪切平面到摄像机的距离。

图 4-2 【景深参数】卷展栏

10）【多过程效果】选项组。

①【启用】：选中该复选框，将激活多过程渲染效果和【预览】按钮。

②【预览】：单击此按钮，将在摄像机视口中预览多过程效果。

③【多过程效果】：下拉列表框：其中包括 3 种选择，它们是互斥使用的，默认使用【景深】效果。

④【渲染每过程效果】：选中该复选框，每边都渲染诸如辉光灯的特殊效果。

⑤【目标距离】：制定摄像机到目标点的距离。

（2）【景深参数】卷展栏。

在【景深参数】卷展栏中有 4 个选项组，如图 4-2 所示。【焦点深度】选项组用于控制摄像机焦点的远近位置；【采样】选项组用于观察渲染景深特效时的采样情况；【过程混合】选项组用于控制模糊抖动的数量和大小；【扫描线渲染器参数】选项组用于选择渲染时扫描的方式。

4.1.3 摄像机导航控制按钮

在激活摄像机视口后，视口导航控制区域的按钮变成摄像机导航控制按钮，如图4-3所示。

（1）✛【移动摄像机】：前后拖动相机点而目标点位置不变。

（2）✛【移动目标点】：前后拖动目标点而相机点不变。

（3）✛【移动摄像机和目标点】：同时拖动相机点和目标点。

图4-3 摄像机导航控制按钮

（4）▽【透视】：移动摄像机使其靠近目标点，同时改变摄像机的透视效果，从而导致镜头长度的变化。

（5）⌒【滚动摄像机】：使摄像机绕着它的视线旋转。

（6）▷【视野】：调整取景范围的大小，类似透视图，只是摄像机的位置不发生改变。

（7）✋【滑动摄像机】：使摄像机沿着垂直于它的视线的平面移动。只改变摄像机的位置，而不改变摄像机的参数。

（8）👁【绕轨道旋转摄像机】：绕摄像机的目标点旋转摄像机。

（9）↴【平移摄像机】：使摄像机的目标点绕摄像机旋转。

4.2 灯光

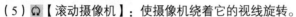

4.2.1 室内设计的灯光

（1）室内设计中的照明。

室内设计中的照明基本分为三种，即集中式光源、辅助式光源、普照式光源。三者缺一不可，而且应该交叉组合运用，其亮度比例约为5∶3∶1。

1）集中式光源。集中式光源的灯光为直射灯，以集中直射的光线照射在某一限定区域内，以便更清楚地看见正在进行的动作，尤其是在工作、阅读、烹调、用餐时，更需要集中式光源。由于灯罩的形状和灯的位置决定了光束的大小，所以直射灯通常装有遮盖物或冷却风孔，且灯罩都是不透明的，如聚光灯、轨道灯、工作灯等，如图4-4所示。

2）辅助式光源。集中式光源的照度很大，眼睛长时间处于这种环境下，容易感到疲劳，此时需要辅助式光源，如立灯、书灯等来调和室内的光差，使人的双眼感到舒适。辅助式光源的灯光属于扩散性光线，其散播到屋内各个角落的光线都是一样的。一

图4-4 集中式光源

般来说，具有扩散性光线的灯宜和直射灯一起使用，如图 4-5 所示。

3）普照式光源。天花板灯即普照式光源，通常为屋内的主灯，也称背景灯，它能将室内的光源提升至一定的亮度，为整个房间提供相同的光线，所以不会产生明显的影子，光线照到和没有照到之处也没有明显的对比。由于它必须和其他光线一起使用，因此不应该很亮，与家中其他光源比较起来，它的亮度最低，如图 4-6 所示。

（2）灯光的设置——布光。

室内设计中的三种照明在效果图设计中称为灯光的设置，其过程简称"布光"。相同的场景由不同的人来布光效果是截然不同的，但是布光的几个原则是可以归纳出来和应该遵循的。对于室内效果图与室内摄影，有个著名而经典的布光理论就是"三点照明"。三点照明又称区域照明，一般用于较小范围的场景照明。如果场景很大，可以把它拆分成若干个较小的区域进行布光。一般有三盏灯即可，分别为主体光、辅助光与背景光。

1）主体光：通常用来照亮场景中的主要对象与其周围区域，并且具有给主体对象投影的功能。主要的明暗关系由主体光决定，包括投影的方向。主体光的任务根据需要也可以用几盏灯光来共同完成。如主光灯在 15 ~ 30 度的位置上，称为顺光；在 45 ~ 90 度的位置上，称为侧光；在 90 ~ 120 度的位置上称为侧逆光。主体光常由聚光灯产生。

2）辅助光：又称补光。用一个聚光灯照射扇形反射面，以形成一种均匀、非直射性的柔和光源，用它来填充阴影区以及被主体光遗漏的场景区域，调和明暗区域之间的反差，同时能形成景深与层次，而且这种广泛均匀布光的特性能为场景打一层底色，定义了场景的基调。由于要达到柔和照明的效果，通常辅助光的亮度只有主体光的 50% ~ 80%。

3）背景光：它的作用是增加背景的亮度，从而衬托主体，并使主体对象与背景分离。一般使用泛光灯产生背景光，亮度宜暗。

（3）布光应注意的问题。

1）灯光宜精不宜多。

2）灯光要体现场景的明暗分布，要有层次性，切不可对所有灯光进行相同的处理。

3）3ds Max 中的灯光是可以超现实的。要学会利用灯光的"排除"与"包括"功能，对灯光对某个物体是否起到照明或投影作用进行调整。

图 4-5 辅助式光源　　　　　　　　　　　　图 4-6 普照式光源

4）布光时应该遵循由主题到局部、由简到繁的原则。

（4）合理的灯光设计。

柔和的灯光最能令人身心放松。需要注意，柔和的灯光还是要有一定的亮度，不能给人以昏暗、压抑的感觉。此外，光线不要直打。光集中在一个焦点上，产生该处过亮而其他部位过暗的不均衡感，会使人感觉不舒服。在灯光设计中，除了天花板上的顶灯外，还可以多一些台灯、壁灯及立式灯，通过灯光的设计使空间产生变化和层次感。至于重点照明，可以用较便宜的射灯来做一些有创意的设计。例如，将射灯夹在盆景下，可将枝叶摇曳的光影投射在天花板上。

4.2.2 标准灯光

标准灯光是基于计算机的对象，它模拟灯光，如居室灯光或办公室灯光，从事舞台和电影工作时使用的灯光设备，以及太阳光本身。不同种类的灯光对象用于模拟真实世界中不同种类的光源。与光度学中的灯光不同，标准灯光不具有基于物理的强度值。图4-7所示为灯光【标准】卷展栏。

（1）【目标聚光灯】：聚光灯像闪光灯一样投射聚焦的光束，这是在剧院中或桅灯下的聚光区。在使用目标聚光灯时，可移动目标对象指向灯光。

（2）【自由聚光灯】：聚光灯像闪光灯一样投射聚焦的光束，这是在剧院中或桅灯下的聚光区。与目标聚光灯不同，自由聚光灯没有目标对象。可以移动和旋转自由聚光灯以使其指向任何方向。

图4-7 灯光【标准】卷展栏

（3）【目标平行光】：当太阳光在地球表面上投射（适用于所有实践）时，所有平行光以一个方向投射。平行光主要用于模拟太阳光。可以调整灯光的颜色和位置并在三维空间中旋转灯光。使用目标平行光时，可移动目标对象指向平行光。

（4）【自由平行光】：当太阳在地球表面上投影（适用于所有实践）时，所有平行光以一个方向投影平行光线。平行光主要用于模拟太阳光。可以调整灯光的颜色和位置并在三维空间中旋转灯光。自由平行光没有目标对象，可以调整自由平行光以使其指向任何方向。

（5）【泛光】：泛光从单个光源向各个方向投影光线。泛光用于将"辅助照明"添加到场景中，或模拟点光源。

（6）【天光】：天光建立日光的模型。可以设置天空的颜色或将其指定为贴图。对天空建模作为场景上方的圆屋顶。

（7）【mr Area Omni】：使用 mental ray 渲染器渲染场景时，区域泛光灯从球体或圆柱体而不是从点光源发射光线。使用默认的扫描线渲染器，区域泛光灯与其他标准的泛光灯一样发射光线。

（8）【mr Area Spot】：使用 mental ray 渲染器渲染场景时，区域聚光灯从矩形或圆盘形区域发射灯光，而不是从点光源发射。使用默认的扫描线渲染器，区域聚光灯与其他标准的聚光灯一样发射光线。

4.2.3 光度学灯光

光度学灯光使用光度学（光能）值，可以更精确地定义灯光，就像在真实世界中一样。可以设置它们的分布、强度、色温和其他真实世界灯光的特性。也可以导入照明制造商的特定光度学文件以便设计基于商用灯光的照明。图 4-8 所示为灯光【光度学】卷展栏。

（1）【目标灯光】：具有可以用于指向灯光的目标子对象。

（2）【自由灯光】：不具备目标子对象。可以通过使用变换瞄准它。

（3）【mr 天空入口】：对象提供了一种"聚集"内部场景中的现有天空照明的有效方法，无须高度最终聚集或全局照明设置（这会使渲染时间过长）。实际上，mr 天空入口就是一个区域灯光，从环境中导出其亮度和颜色。

图 4-8　灯光【光度学】卷展栏

4.2.4　卷展栏

（1）【常规参数】卷展栏（图 4-9）。

1）【灯光属性】选项组：

①【启用】：启用和禁用灯光。当【启用】选项处于启用状态时，使用灯光着色和渲染以照亮场景。当【启用】选项处于禁用状态时，进行着色或渲染时不使用该灯光。默认设置为启用。

②【目标】：启用此选项之后，该灯光将具有目标。禁用此选项之后，则可使用变换指向灯光。通过切换，可将目标灯光更改为自由灯光，反之亦然。

③【目标距离】：显示目标距离。对于目标灯光，该字段仅显示距离。对于自由灯光，则可以通过输入值更改距离。

2）【阴影】选项组：

①【启用】：决定当前灯光是否投射阴影。默认设置为启用。

②【使用全局设置】：启用此选项可使用该灯光投射阴影的全局设置。禁用此选项可启用阴影的单个控件。如果未选择使用全局设置，则必须选择渲染器使用哪种方法来生成特定灯光的阴影。

③【阴影贴图】下拉列表：决定渲染器是否使用阴影贴图、光线跟踪阴影、高级光线跟踪阴影或区域阴影生成该灯光的阴影。

④【排除】按钮：将选定对象排除于灯光效果之外。单击此按钮可以显示【排除 / 包含】对话框。排除的对象仍在着色视口中被照亮。只有当渲染场景时排除才起作用。

3）【灯光分布（类型）】选项组：

通过【灯光分布】下拉列表，可选择灯光分布的类型。其具有 4 个选项：

①【光度学 Web】：选择此选项，【分布（光度学文件）】卷展栏显示在【命令】面板上。

②【聚光灯】：选择此选项，【分布（聚光灯）】卷展栏显示在【命令】面板上。

③【统一漫反射】：分布仅在半球体中投射漫反射灯光，就如同从某个表面发射灯光一样。

④【统一球形】：无论是漫反射还是球形的统一分布都未提供其他设置，因此这些选择不会显示特殊的【分布】卷展栏。

（2）【强度 / 颜色 / 衰减】卷展栏（图 4-10）。

1）【颜色】选项组：

图 4-9　【常规参数】卷展栏

图 4-10　【强度 / 颜色 / 衰减】
卷展栏

①【灯光】：拾取常见灯规范，使之近似于灯光的光谱特征。

以下选项用于使用【灯光】下拉列表指定颜色时（HID 表示高强度放电）：

* D50 Illuminant（基准白色）；

* D65 Illuminant（基准白色，默认设置）；

* 荧光（冷色调白色）；

* 荧光（日光）；

* 荧光（浅白色）；

* 荧光（暖色调白色）；

* 荧光（白色）；

* 卤素灯（冷色调）；

* 卤素灯（暖色调）；

* HID 陶瓷金属卤化物灯（冷色调）；

* HID 陶瓷金属卤化物灯（暖色调）；

* HID 高压钠灯；

* HID 低压钠灯；

* HID 水银灯；

* HID 磷光水银灯；

* HID 水晶金属卤化物灯；

* HID 水晶金属卤化物灯（冷色调）；

* HID 水晶金属卤化物灯（暖色调）；

* HID 氙气灯；

* 白炽灯。

②【开尔文】：通过调整色温微调器设置灯光的颜色。

③【过滤颜色】：使用颜色过滤器模拟置于光源上的过滤色的效果。

2）【强度】选项组：这些控件在物理数量的基础上指定光度学灯光的强度或亮度。

使用下面其中一种单位设置光源的强度：

①【lm（流明）】：测量灯光的总体输出功率（光通量）。

②【cd（坎得拉）】：测量灯光的最大发光强度，通常沿着瞄准方向发射。

③【lx（lux）】：测量以一定距离并面向光源方向投射到表面上的灯光所带来的照度。

3）【暗淡】选项组：

①【结果强度】：用于显示暗淡所产生的强度，并使用与【强度】选项组相同的单位。

②【暗淡百分比】：启用该选项后，该值会指定用于降低灯光强度的"倍增"。

③【光线暗淡时白炽灯颜色会切换】：启用此选项之后，灯光可在暗淡时通过产生更多黄色来模拟白炽灯。

4）【远距衰减】选项组：可以设置光度学灯光的衰减范围。

①【使用】：启用灯光的远距衰减。

②【显示】：在视口中显示远距衰减范围设置。

③【开始】：设置灯光开始淡出的距离。

④【结束】：设置灯光减为 0 的距离。

（3）【图形/区域阴影】卷展栏（图 4-11）。

1）【从（图形）发射光线】选项组：使用该选项组中的下拉列表，可选择阴影生成的图形。当选择非点的图形时，维度控件和阴影采样控件将分别显示在【发射灯光】选项组和【渲染】选项组中。

①【点光源】：计算阴影时，如同灯光从一个点发出。

②【线】：计算阴影时，如同灯光从一条线发出。

③【矩形】：计算阴影时，如同灯光从矩形区域发出。

④【圆形】：计算阴影时，如同灯光从圆形发出。

⑤【球体】：计算阴影时，如同灯光从球体发出。

⑥【圆柱体】：计算阴影时，如同灯光从圆柱体发出。

2）【渲染】选项组：

【灯光图形在渲染中可见】：启用此选项后，如果灯光对象位于视野内，灯光图形在渲染中会显示为自供照明（发光）的图形。

（4）【阴影参数】卷展栏（图4-12）。

1）【对象阴影】选项组：

①【颜色】：单击色样以显示颜色选择器，然后为此灯光投射的阴影选择一种颜色。

②【密度】：调整阴影的密度。

③【贴图】：启用该选项可以使用【贴图】按钮指定的贴图。

【贴图】按钮：单击以打开材质／贴图浏览器并将贴图指定给阴影。

④【灯光影响阴影颜色】：启用此选项后，将灯光颜色与阴影颜色（如果阴影已设置贴图）混合起来。

2）【大气阴影】选项组：

使用这些选项，诸如体积雾这样的大气效果也投射阴影。

①【启用】：启用此选项后，如灯光穿过大气般投射阴影。

②【不透明度】：调整阴影的不透明度。此值为百分比，默认设置为100.0。

③【颜色量】：调整大气颜色与阴影颜色混合的量。此值为百分比，默认设置为100.0。

（5）【阴影贴图参数】卷展栏（图4-13）。

1）【偏移】：阴影偏移是将阴影移向或移离投射阴影的对象。

2）【大小】：用于计算灯光的阴影贴图的大小。

3）【采样范围】：采样范围决定阴影内平均有多少区域。

4）【绝对贴图偏移】：启用此选项后，阴影贴图的偏移未标准化，而是在固定比例的基础上以3ds Max单位表示。

5）【双面阴影】：启用此选项后，计算阴影时背面将不被忽略。

（6）【高级效果】卷展栏（图4-14）。

1）【影响曲面】选项组：

图4-11　【图形／区域阴影】卷展栏　　图4-12　【阴影参数】卷展栏　　图4-13　【阴影贴图参数】卷展栏　　图4-14　【高级效果】卷展栏

①【对比度】：调整曲面的漫反射区域和环境光区域之间的对比度。

②【柔化漫反射边】：增加【柔化漫反射边】的值可以柔化曲面的漫反射部分与环境光部分之间的边缘。

③【漫反射】：启用此选项后，灯光将影响对象曲面的漫反射属性。

④【高光反射】：启用此选项后，灯光将影响对象曲面的高光属性。

⑤【仅环境光】：启用此选项后，灯光仅影响照明的环境光组件。

2）【投影贴图】选项组：

这些选项将灯光变成投影。

①【贴图】：启用该选项可以通过【贴图】按钮投影选定的贴图。禁用该选项可以禁用投影。

②【贴图按钮】：命名用于投影的贴图。

4.3 材质

4.3.1 【材质编辑器】

【材质编辑器】分为【Slate 材质编辑器】和精简【材质编辑器】。

【Slate 材质编辑器】是一个较大的对话框，其中，材质和贴图显示为可以关联在一起以创建材质树的节点，包括 MetaSL 明暗器产生的现象。如果要设计新材质，则板岩材质编辑器尤其有用，它包括搜索工具以帮助管理具有大量材质的场景，如图 4-15 所示。

通常，【Slate 材质编辑器】在设计材质时功能更强大，而精简界面在只需应用已设计好的材质时更方便。

精简【材质编辑器】是一个相当小的对话框，其中包含各种材质的快速预览。如果要指定已经设计好的材质，那么精简【材质编辑器】仍是一个实用的界面，如图 4-16 所示。

图 4-15 【Slate 材质编辑器】　　　　　图 4-16 精简【材质编辑器】

在主工具栏上，单击 ■ 按钮。如果【Slate 材质编辑器】按钮可见，需要打开弹出菜单（单击并按住），以访问精简【材质编辑器】按钮。也可以仅打开【Slate 材质编辑器】，然后从【模式】菜单中选择精简【材质编辑器】。

【材质编辑器】界面由顶部的菜单栏、菜单栏下面的示例窗（球体）和示例窗底部和侧面的工具栏组成。

（1）菜单栏。

【材质编辑器】菜单栏出现在【材质编辑器】窗口的顶部。它提供了另一种调用各种材质编辑器工具的方式，如图 4-17 所示。

（2）示例窗。

使用示例窗可以保持和预览材质和贴图。在每个窗口中可以预览一种材质。使用精简【材质编辑器】控件可以更改材质，还可以把材质应用于场景中的对象，如图 4-18 所示。

图 4-17　【材质编辑器】菜单栏

（3）示例窗下面的按钮（工具栏）。

1）■：获取材质；

2）■：将材质放入场景；

3）■：将材质指定给选定对象；

4）■：重置贴图 / 材质为默认设置；

5）■：生成材质副本；

6）■：使唯一；

7）■：放入库；

8）■：材质 ID 通道；

9）■：在视口中显示明暗处理材质 / 真实材质；

10）■：显示最终结果；

11）■：转到父对象；

12）■：转到下一个同级项。

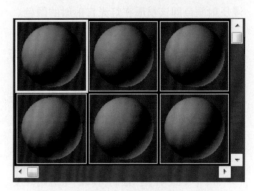

图 4-18　精简【材质编辑器】示例窗

（4）示例窗右侧的按钮。

1）■：采样类型；

2）■：背光；

3）■：示例窗背景；

4）■：采样 UV 平铺；

5）■：视频颜色检查；

6）■：生成预览、播放预览、保存预览；

7）■：材质编辑器选项；

8）■：按材质选择；

9）■：材质 / 贴图导航器。

（5）工具栏下面的控件。

1）■：从对象拾取材质（滴管）。

2）【名称字段（材质和贴图）】：显示材质或贴图的名称。

3）【"类型"按钮（材质和贴图）】：可显示材质 / 贴图浏览器，并选择要使用的材质类型或贴图类型。

4.3.2　标准材质

在标准材质中，贴图可以模拟纹理、反射、折射和其他效果，通过【材质编辑器】可以提供创建和编辑材质以及贴图的功能。

4.3.3　建筑材质

建筑材质的设置是物理属性，因此当与光度学灯光和光能传递一起使用时，其能够提供最逼真的效果。借助这种功能组合，可以创建精确度很高的照明研究。

（1）【模板】卷展栏（图4-19）。

【模板】下拉列表：选择所设计的材质种类。每个模板都能够为各种材质参数提供预设值（图4-20）。

图4-19　【模板】卷展栏

（2）【物理性质】卷展栏（图4-21）。

1）【漫反射颜色】：控制漫反射颜色。漫反射颜色即该材质在灯光直射时的颜色。

2）【漫反射贴图】：

①【数量】微调器：设置要使用的漫反射贴图的数量。

②【启用/禁用】：微调器和贴图按钮之间的复选框是一个启用/禁用开关。

3）【反光度】：设置材质的反光度。

4）【透明度】：控制材质的透明程度。

5）【半透明】：控制材质的半透明程度。

6）【折射率】：严格控制材质对透过的光的折射（弯曲）程度和该材质显示的反光程度。

图4-20　模板评论

7）【亮度 cd/m^2】：当亮度大于0.0时，材质显示光晕效果，并且如果启用了【发射能量】选项（请参见下面的内容），会向光能传递传送能量。

①　【由灯光设置亮度】：通过场景中的灯光获取材质的亮度。

②【双面】：启用此选项后，使材质双面。

③【粗糙漫反射纹理】：启用此选项后，将从照明和曝光控制中排除材质。

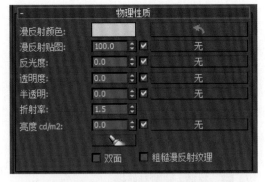

图4-21　【物理性质】卷展栏

（3）【特殊效果】卷展栏（图4-22）。

1）【凹凸】：单击贴图按钮可指定凹凸贴图。

①【数量】微调器：设置凹凸效果的范围。

图4-22　【特殊效果】卷展栏

②【启用 / 禁用】：微调器和贴图按钮之间的复选框是一个启用 / 禁用开关。

2）【置换】：单击贴图按钮可指定置换贴图。当将贴图指定给材质时，它的名称会显示为贴图按钮的标签。

①【数量】微调器：设置置换效果的范围。

②【启用 / 禁用】：微调器和贴图按钮之间的复选框是一个启用 / 禁用开关。

3）【强度】：单击贴图按钮可将强度贴图指定给材质，用以调整材质的亮度。

①【数量】微调器：设置强度贴图应用的范围。

②【启用 / 禁用】：微调器和贴图按钮之间的复选框是一个启用 / 禁用开关。

4）【裁切】：单击贴图按钮可指定裁切贴图。当将贴图指定给材质时，它的名称会显示为贴图按钮的标签。

①【数量】微调器：设置裁切贴图要使用的量。

②【启用 / 禁用】：微调器和贴图按钮之间的复选框是一个启用 / 禁用开关。

（4）【高级照明覆盖】卷展栏（图 4-23）。

1）【发射能量（基于亮度）】：当选中此选项时，材质会根据它的亮度值为光能传递解决方案增添能量。

图 4-23　【高级照明覆盖】卷展栏

2）【颜色溢出比例】：增加或减少反射颜色的饱和度，范围为 0.0 ~ 1 000.0，默认值为 100.0。

3）【间接凹凸比例】：缩放由间接照明所照亮区域中基础材质的凹凸贴图的效果。

4）【反射比比例】：缩放材质反射的能量值，范围为 0.0 ~ 1 000.0，默认值为 100.0。

5）【透射比比例】：缩放材质透射的能量值，范围为 0 ~ 1 000.0，默认值为 100.0。

4.4　渲染

4.4.1　渲染设置

执行【渲染】→【光能传递】命令（图 4-24），可打开【光能传递】对话框。

4.4.2　卷展栏

（1）【选择高级照明】卷展栏。

在【选择高级照明】卷展栏的下拉列表框中选择要使用的 GI 系统，包括【光追踪器】和【光能传递】。

【光追踪器】是一种全局光照系统，它使用一种光线跟踪技术在场景中的取样点计算光反射，实现更加真实的光照。

【光能传递】是基于几何学来计算光从物体表面的反射的。三角形是进行光能传递计算的最小单位，因此大的表现可能需要被细分为小的三角形面以获得更精确的结果。

选择【高级照明】选项卡时，可在渲染场景时切换是否使

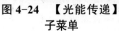

图 4-24　【光能传递】
子菜单

【知识拓展】渲染的
基本知识

用高级照明显示，如图 4-25 所示。

（2）【光能传递处理参数】卷展栏（图 4-26）。

1）【全部重置】：单击【开始】按钮，3ds Max 场景的一个副本将加载到光能传递引擎中。单击【全部重置】按钮，从引擎中清除所有的几何体。

2）【重置】：从光能传递引擎清除灯光级别，但不清除几何体。

3）【开始】：开始光能传递处理。

4）【停止】：停止光能传递处理。

5）【处理】选项组：

①【初始质量】：设置停止"初始质量"阶段的质量百分比，最高到 100%。例如，如果指定为 80%，将会得到一个能量分布精确度为 80% 的光能传递解决方案。目标的初始质量设为 80% ~ 85% 通常就足够了，它可以得到比较好的效果。

②【优化迭代次数（所有对象）】：设置优化迭代次数的数目以作为一个整体为场景执行。

③【优化迭代次数（选定对象）】：设置优化迭代次数的数目来为选定对象执行，所使用的方法和【优化迭代次数（所有对象）】选项相同。

④【处理对象中存储的优化迭代次数】：每个对象都有一个叫作"优化迭代次数"的光能传递属性。

⑤【如果需要，在开始时更新数据】：启用此选项之后，如果解决方案无效，则必须重置光能传递引擎，然后再重新计算。

6）【交互工具】选项组：

①【间接灯光过滤】：用周围的元素平均化间接照明级别减少曲面元素之间的噪波数量。

②【直接灯光过滤】：用周围的元素平均化直接照明级别减少曲面元素之间的噪波数量。

③【在视口中显示光能传递】：将视口中的显示在光能传递和标准 3ds Max 着色之间切换。可以禁用光能传递着色以增加显示性能。

（3）【光能传递网格参数】卷展栏（图 4-27）。

【光能传递网格参数】卷展栏用来控制光能传递网格的创建及其大小（以国际制单位表示）。

1）【全局细分设置】选项组：

①【启用】：用于启用整个场景的光能传递网格。

图 4-25 【高级照明】选项卡

图 4-26 【光能传递处理参数】卷展栏

图 4-27 【光能传递网格参数】卷展栏

②【使用自适应细分】：启用和禁用自适应细分。默认设置为启用。

2）【网格设置】选项组：

使用默认网格和灯光设置的"自适应细分"。

①【最大网格大小】：自适应细分之后最大面的大小。对于英制单位，默认值为 36 英寸，对于公制单位，默认值为 100 厘米。

②【最小网格大小】：不能将面细分使其小于最小网格大小。对于英制单位，默认值为 3 英寸，对于公制单位，默认值为 10 厘米。

③【对比度阈值】：细分具有顶点照明的面，顶点照明因多个对比度阈值设置而异。默认值为 75.0。

④【初始网格大小】：改进面图形之后，不细分小于初始网格大小的面。

3）【灯光设置】选项组：

启用【自适应细分】或【投影直射光】选项组之后，根据以下开关来解析计算场景中所有对象上的直射光：

①【在细分中包括线性灯光】：控制投影直射光时是否使用线性灯光。如果关闭该开关，则在计算的顶点照明中不使用线性灯光。默认设置为启用。

②【在细分中包括区域灯光】：控制投影直射光时是否使用区域灯光。如果关闭该开关，则在直接计算的顶点照明中不使用区域灯光。默认设置为启用。

③【包括天光】：启用该选项后，投影直射光时使用天光。如果关闭该开关，则在直接计算的顶点照明中不使用天光。默认设置为禁用。

④【在细分中包括自发射面】：该开关控制投影直射光时如何使用自发射面。如果关闭该开关，则在直接计算的顶点照明中不使用自发射面。

（4）【灯光绘制】卷展栏（图 4-28）。

1）【强度】：以 lux 或 cd 为单位指定照明的强度。

2）【压力】：当添加或移除照明时指定要使用的采样能量的百分比。

①　【添加照明】：从选定对象的顶点开始添加照明。

②　【移除照明】：从选定对象的顶点开始移除照明。

③　【拾取照明】：对所选曲面的照明数进行采样。

④【清除】：清除所作的所有更改。

（5）【渲染参数】卷展栏（图 4-29）。

1）【重用光能传递解决方案中的直接照明】：3ds Max 并不渲染直接灯光，但却使用保存在光能传递解决方案中的直接照明。

2）【渲染直接照明】：3ds Max 在每个渲染帧处对灯光阴影进行渲染，然后添加来自光能传递解决方案的间接灯光。

图 4-28　【灯光绘制】卷展栏　　　　　　　图 4-29　【渲染参数】卷展栏

3）【重聚集间接照明】选项组：

除了计算所有的直接照明之外，3ds Max 还可以重聚集来自现有光能传递解决方案的照明数据，重新计算每个像素上的间接照明。

①【每采样光线数】：3ds Max 为每个采样投射的光线数。

②【过滤器半径（像素）】：将每个采样与它相邻的采样进行平均，以减少噪波效果。

③【钳位值（cd/m^2）】：该控件表示为亮度值。

4）【自适应采样】选项组：

①【自适应采样】：启用该选项后，光能传递解决方案将使用自适应采样。

②【初始采样间距】：图像初始采样的网格间距，以像素为单位进行衡量，默认设置为 16×16。

③【细分对比度】：确定区域是否应进一步细分的对比度阈值。

④【向下细分至】：细分的最小间距。

⑤【显示采样】：启用该选项后，采样位置渲染为红色圆点。

4.4.3 曝光控制

曝光控制用于调整渲染输出级别和颜色范围。如果使用光能传递，曝光控制尤其重要。执行【渲染】→【环境】命令，弹出【环境和效果】对话框，可以在【曝光控制】卷展栏中看到其他选项，如图 4-30 所示。

（1）自动曝光控制。

【自动曝光控制】从渲染图像中采样，生成一个柱状图，在渲染的整个动态范围内提供良好的颜色分离。【自动曝光控制】可以增强某些照明效果，否则，这些照明效果会过于暗淡而看不清。

（2）线性曝光控制。

【线性曝光控制】从渲染图像中采样，使用场景的平均亮度将物理值映射为 RGB 值。【线性曝光控制】最适合用于动态范围很低的场景。

（3）对数曝光控制。

【对数曝光控制】使用亮度、对比度以及场景是否是日光中的室外，将物理值映射为 RGB 值。【对数曝光控制】比较适合动态范围很大的场景。

（4）伪彩色曝光控制。

【伪彩色曝光控制】实际上是一个照明分析工具，可以直观地观察和计算场景中的照明级别。【伪彩色曝

图 4-30 【曝光控制】卷展栏

光控制】将亮度或照度值映射为显示转换的值的亮度的伪彩色。从最暗到最亮，渲染依次显示蓝色、青色、绿色、黄色、橙色和红色。此外，可以选择灰度，最亮的值显示白色，最暗的值显示黑色。渲染使用彩色或灰度光谱条作为图像的图例。

（5）mr 摄影曝光控制。

【mr 摄影曝光控制】可通过像摄像机一样的控制来修改渲染的输出：一般曝光值或特定快门速度、光圈和胶片速度设置。它还提供可调节高光、中间调和阴影的值的图像控制设置。它专用于使用 mental ray 渲染器、iray 渲染器或 Quicksilver 硬件渲染器渲染的大动态范围场景。

4.5　图像的输出

在系统中确定效果图场景中的工作都已经完成后，就可以将效果图渲染文件导入 Photoshop 软件中对其进行后期处理，具体方法如下：

（1）激活摄像机视图，单击工具栏中的 按钮或按 F10 键，弹出【渲染设置】对话框，在【渲染设置】对话框的【输出大小】选项组中设置【宽度】为 640，【高度】为 480，文件尺寸的单位是像素，如图 4-31 所示。

（2）单击【渲染输出】栏中的【文件】按钮，弹出【渲染输出文件】对话框（图 4-32），在【保存在】下拉列表中选择渲染文件所在的目录，在【文件名】文本框中输入文件名，在【保存类型】下拉列表中为文件选择输出格式为【TIF 图像文件】，最后单击【保存】按钮。

（3）单击【保存】按钮，弹出【TIF 图像控制】对话框，在此对话框中设置【图像类型】为【8 位彩色】（图 4-33），单击【确定】按钮完成设置。

（4）各项参数都设置好后，单击【渲染设置】对话框中的【渲染】按钮，系统会将渲染出来的文件自动保存到指定的文件夹中，即可对其进行相应的后期处理。

图 4-31　【渲染设置】对话框

图 4-32　【渲染输出文件】对话框

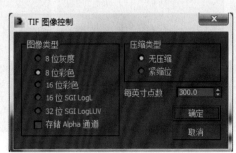

图 4-33　【TIF 图像控制】对话框

4.6 V-Ray 渲染器设置与参数

V-Ray 渲染器是著名的 Chaos Group 公司开发的产品之一，是结合了光线跟踪和光能传递效果的高级渲染器，可渲染出一些特殊的效果，比如光迹追踪、焦散、全局照明等，主要用于建筑设计、灯光设计、展示设计等领域。其特点是操作简单、渲染速度快。当然，最终渲染作品的好坏还与作者的艺术修养和眼界有关，各种灯光的分布、冷暖色彩的对比协调、整体明暗的调子处理、视觉构图的好坏等，都需要作者在提高艺术修养的同时，不断积累实践经验，提高整体制作水平。

V-Ray 渲染器以卷展栏的形式存在，如图 4-34 和图 4-35 所示。

【渲染器】卷展栏参数介绍

1. 【授权】卷展栏

【授权】卷展栏显示了注册信息，如计算机名称或 P 信息等。

2. 【关于 V-Ray】卷展栏

在【关于 V-Ray】卷展栏中可以查看 V-Ray 的 logo、公司、网址及版本信息内容。

3. 【帧缓冲区】卷展栏

如图 4-36 所示，【帧缓冲区】卷展栏用来设置 V-Ray 自身的图像序列窗口、输出尺寸，对图像文件进行保存等。

4. 【全局开关】卷展栏

【全局开关】卷展栏是 V-Ray 渲染器对几何体、灯光、间接照明、材质、光线跟踪的全局设置，包括对材质的反射 / 折射、贴图的调节，对灯光类型的渲染控制，对间接照明的处理方式，对光线跟踪的偏移方式进行全局的设置管理，如图 4-37 所示。

5. 【图像采样器（反锯齿）】卷展栏

该卷展栏主要负责图像精细程度的设置，如图 4-38 所示。

使用不同的图像采样器会得到不同的图像质量，对纹理贴图使用系统内定的过滤器，可以进行抗锯齿处理。恰当选用抗锯齿选项参数可提高实际的渲染速度和质量。当然每种过滤器都有各自的优点和缺点。以下介绍三个常用的过滤器，如图 4-39 所示。

图 4-34　V-Ray 渲染
设置界面 1

图 4-35　V-Ray 渲染
设置界面 2

图 4-36　【帧缓冲区】卷展栏　　　图 4-37　【全局开关】卷展栏

（1）【区域】：通过边缘的模糊来达到效果。其数值越大，模糊程度也越强。测试渲染时常用此过滤器。

（2）【清晰四方形】：经常使用的过滤器，能获得平滑的边缘效果。

（3）【Catmull-Rom】：能获得锐利边缘的过滤器，常在渲染时使用。

6. 【发光图】卷展栏

【发光图】卷展栏如图 4-40 所示。

（1）【内建预置】选项组。

提供了 8 种预置模式供用户选择，如没有特殊的要求，这些预置模式足够使用。

（2）【基本参数】选项组。

【最小比率】选项影响 GI 首次传递的分辨率，【最大比率】选项影响 GI 的最终分辨率。

图 4-38　【图像采样器（反锯齿）】卷展栏

图 4-39　【抗锯齿过滤器】卷展栏

【颜色阈值】选项影响发光贴图算法对场景间接照明变化的敏感度，【法线阈值】选项影响发光贴图算法对场景物体表面法线变化的敏感度，【距离阈值】选项影响发光贴图算法对两个表面距离变化的敏感度。【细分倍增】选项影响单独的 GI 样本品质，数值小能获得较快的速度。

插补采样值越大，场景黑斑处理效果越好，渲染效果越平滑，插补采样值太大会使场景的阴影真实感不好。

（3）【细节增强】选项组。

激活后设置细分相关的参数。

（4）【高级选项】选项组。

对发光贴图的样本进行高级控制，有 4 种插值类型和查找采样。

（5）【模式】选项组。

【模式】选项组提供了 8 种渲染工作模式以适应不同的场景。常用的为前 6 种，如图 4-41 所示。

1）【单帧】：每个图像计算一个单独的发光贴图，每一帧也都计算新的发光贴图。分布式渲染时，每个渲染服务器都各自计算自己针对的整体发光贴图。

2）【多帧增量】：该模式只有在渲染摄像机移动的帧序中起作用。

图 4-40　【发光图】卷展栏

图 4-41　渲染工作模式

3）【从文件】：渲染开始帧时，将导入一个提供的发光贴图。整个渲染过程不会计算新的发光贴图。

4）【添加到当前贴图】：将计算的新发光贴图添加到已存在的贴图中。

5）【增量添加到当前贴图】：在已有的发光贴图文件中增补发光信息模式，即在没有足够细节的地方进行细节加工。

6）【块模式】：一个分散的发光贴图被运用在每一个渲染区域块里。

（6）【渲染结束时】选项组

选中【不删除】复选框即选定发光贴图被运用于内存中直到下次渲染前，不选即完成渲染任务后删除内存中的发光贴图。选中【自动保存】复选框，发光贴图会在渲染结束后保存在指定目录里。

7．【间接照明】卷展栏

激活方法是从首次或二次反弹的全局照明引擎选项中选择强力引擎，也叫准蒙特卡洛全局光照明。其中的参数用来调节渲染图像的细分程度及反弹次数，如图4-42所示。

8．【焦散】卷展栏

【焦散】卷展栏用于调节产生焦散效果的各种参数。V-Ray的焦散参数调节方式非常简单，而且计算速度也非常快，如图4-43所示。

（1）【搜索距离】：数值的大小确定光子影响的范围，数值越大影响范围越广，光斑效果越弱。

（2）【最大光子】：数值越小，光斑越明显。

（3）【最大密度】：数值越大，斑点越严重。

（4）【倍增器】：调节焦散的强度。对场景中所有产生焦散效果的光源都有效。

9．【环境】卷展栏

【环境】卷展栏用来模拟周围的环境，如天光效果。它是制作室外场时尤为重要的组成部分，如图4-44所示。

（1）【全局照明环境】选项组。

激活后，颜色为天光的颜色，【倍增器】选项指定天光的亮度，【贴图】按钮指定背景贴图，添加贴图后系统会优择贴图的设置。

（2）【反射／折射环境覆盖】选项组。

激活后对颜色进行设置。【倍增器】选项指定色彩亮度值，【贴图】按钮指定反射／折射贴图。

（3）【折射环境覆盖】选项组。

激活后对颜色进行设置。【倍增器】选项指定色彩亮度值，可用于改变折射部分的亮度，【贴图】按钮指定折射贴图。

10．【颜色贴图】卷展栏

用来设置灯光的衰减类型，并可以分别对远近的衰减进行设置，如图4-45所示。

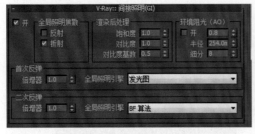

图4-42 【间接照明】卷展栏

图4-43 【焦散】卷展栏

图 4-44　【环境】卷展栏　　　　　图 4-45　【颜色贴图】卷展栏

这里介绍常用的两种类型：

（1）【线性倍增】：能让画面中的白色更明亮，但也容易产生局部曝光。

（2）【指数】：在相同参数设置下，此方式不会出现局部曝光，但会使画面色彩饱和度降低。

本章小结

通过对本章的学习，学习者应当对 V-Ray 渲染器有比较全面的了解。

思考与实训

一、思考题

1. 什么是 V-Ray 渲染器？

2. 为什么现在多数公司选择使用 V-Ray 渲染器？

二、实训题

进行 V-Ray 渲染器的参数设置训练。

第五章 会议室效果图表现

知识目标

了解会议室范例模型，灯光、摄像机、渲染的应用。

能力目标

掌握会议室效果图的制作方法。

【作品欣赏】室内优秀
效果图赏析

会议室是典型的公共空间，它强调层次的变化与光影效果。

本章主要从模型的建立、物体材质的建立、灯光的创建、渲染设置、后期处理 5 个方面介绍会议室效果图的制作流程和重点。图 5-1 所示为会议室范例效果。

图 5-1　会议室范例效果

5.1　会议室框架的制作

（1）设定单位。执行【自定义】→【单位设置】命令，在弹出的【单位设置】对话框中，单击【公制】按钮，选择下拉列表框中的【毫米】选项，再单击【系统单位设置】按钮，弹出【系统单位设置】对话框，在该对话框中打开下拉列表并在其中选择【毫米】选项，单击【OK】按钮。

（2）建立房间轮廓。执行【创建】→【几何体】→【长方体】命令，在顶视图中单击并拖动鼠标至适当位置后释放鼠标创建长方体，命名为"房间轮廓"，【长度】为5 000mm，【宽度】为6 000mm，【高度】为3 000mm，如图5-2所示。

（3）在【修改列表】中选择【编辑网格】命令，在【多边形】子物体级别下选择图5-3所示的多边形，按Delete键删除该多边形。

（4）重新在【元素】子物体级别下选择整个元素，单击【曲面属性】卷展栏中的【翻转】按钮，如图5-4所示。

（5）利用鼠标中键和Alt键调整视图，如图5-5所示。

（6）在透视图的左上角【+】选项上单击鼠标左键，选择【视口配置】选项，在【视觉样式和外观】选项卡中选择【场景灯光】选项中的【2盏灯】单选项，如图5-6所示。

（7）在修改器堆栈中重新选择【多边形】子物体级别，选择地面上的多边形，单击【编辑几何体】卷展栏中的【分离】按钮，在【分离为】文本框中输入"地面"，并单击【确定】按钮，如图5-7所示。这样可以对地面单独赋予材质。

（8）继续在视图中选择图5-8所示的多边形，在对话框中的【分离为】文本框中输入"顶"，如图5-8所示。这样可以对顶单独赋予材质。

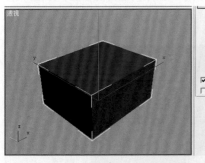

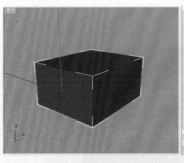

图5-2　房间轮廓　　　　　　　　　　　　　图5-3　删除多边形

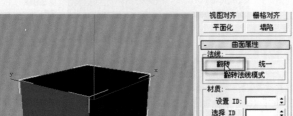

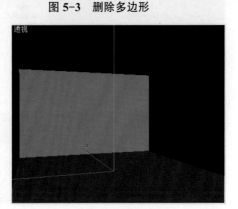

图5-4　法线翻转　　　　　　　　　　　　　图5-5　调整视图

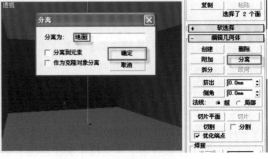

图 5-6 调整照明　　　　　　　　图 5-7 【分离】对话框（1）

（9）单击图 5-9 所示的侧多边形，单击【编辑几何体】卷展栏中的【删除】按钮或按 Delete 键，删除所选多边形。

（10）执行【创建】→【几何体】→【长方体】命令，在顶视图中单击并拖动鼠标，创建长方体，设置【长度】为 100mm，【宽度】为 6 000mm，【高度】为 500mm，命名为 "右墙 1"，利用【捕捉】和【移动】工具将其放到适当的位置，如图 5-10 所示。

注意：在工具栏上的【捕捉开关】按钮 上长按鼠标选择 按钮，然后在按钮上单击鼠标右键，弹出【栅格和捕捉设置】对话框，选中【端点】和【中点】复选框。可以通过按 S 键来开关【捕捉开关】。

（11）执行【创建】→【几何体】→【长方体】命令，设置【长度】为 50mm，【宽度】为 6 000mm，【高度】为 2 500mm，命名为 "右墙 02"，利用【捕捉】和【移动】工具放到适当的位置，如图 5-11 所示。

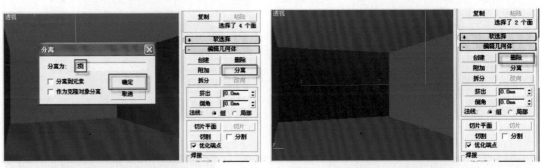

图 5-8 【分离】对话框（2）　　　　　图 5-9 删除多边形

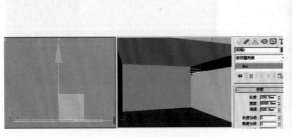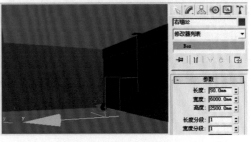

图 5-10 制作 "右墙 1"　　　　　　图 5-11 制作 "右墙 02"

（12）执行【创建】→【几何体】→【长方体】命令，设置【长度】为800mm，【宽度】为100mm，【高度】为2 750mm，命名为"装饰墙"，并复制一个，系统自动命名为"装饰墙01"，调整其位置，如图5-12所示。

（13）执行【创建】→【几何体】→【长方体】命令，设置【长度】为800mm，【宽度】为6 000mm，【高度】为100mm，命名为"顶面装饰墙"，如图5-13所示。

（14）执行【文件】→【保存】命令保存文件，命名为"会议室.max"。

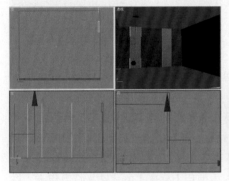
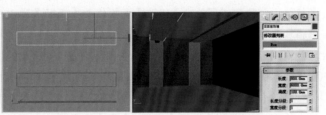

图5-12　制作"装饰墙01"　　　　　　　图5-13　制作"顶面装饰墙"

5.2 ○ 会议室室内家具的制作

5.2.1 灯具的制作

（1）制作灯具，选择【创建】→【图形】→【矩形】工具，在顶视图中单击并拖动鼠标创建矩形，设置【长度】为550mm，【宽度】为150mm，如图5-14所示。

（2）选择【创建】→【图形】→【矩形】工具，在顶视图中单击并拖动鼠标继续创建圆形，设置【半径】为45mm，如图5-15所示。

（3）在顶视图中的圆形上单击鼠标右键选择【移动】命令，按住Shift键移动圆形，拖到适当位置后释放鼠标，出现【克隆选项】对话框，在对话框中的【对象】栏中输入"复制"，在【副本数】边的【参数】栏中输入"3"，单击【确定】按钮，效果如图5-16所示。

（4）选择前面创建的矩形，单击鼠标右键，在弹出的快捷菜单中选择【转变为】命令中的【转变为可编辑样条线】子命令，在【几何体】卷展栏中单击【附加】按钮后依次单击要附加的物体，

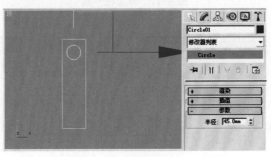

图5-14　灯具矩形　　　　　　　　　图5-15　创建圆形（1）

如图 5-17 所示。

　　注意：当单击【附加】按钮后鼠标靠近样条线时会变成，单击要附加的物体即可将物体附加在一起。

　　（5）将物体附加在一起后，打开【修改】面板，在【修改器列表】中选择【挤出】命令，在【参数】栏的【数量】处输入数值"-250"，即将物体向下挤出 250 mm 的高度，在前视图中的效果如图 5-18 所示。

　　（6）继续制作灯具，单击鼠标右键选择【顶视图】命令，执行【创建】→【几何体】→【圆柱体】命令创建

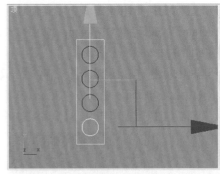

图 5-16　复制圆形

圆柱体，创建完成后单击【修改】面板修改【半径】为 45mm，【高度】为 45mm，使用【移动】工具将其调整到适当位置，如图 5-19 所示。

　　（7）在顶视图中的圆柱体上单击鼠标右键，在弹出的快捷菜单中选择【移动】命令，按住 Shift 键移动圆柱体，拖到适当位置后释放鼠标出现【克隆选项】对话框，在对话框中的【对象】栏中输入"复制"，在【副本数】旁边的【参数】栏中输入"3"，单击【确定】按钮，效果如图 5-20 所示。

　　（8）在工具栏中选择【窗框 / 交叉】工具，在顶视图中使用【框选】方式选择灯具组合，在灯具组合上单击鼠标右键，从弹出的快捷菜单中选择【移动】工具，按住 Shift 键移动圆柱体，拖到适当位置后释放鼠标，出现【克隆选项】对话框，在对话框中的【对象】栏中输入"复制"，在【副本数】旁边的【参数】栏中输入"3"，单击【确定】按钮，效果如图 5-21 所示。

　　（9）执行【创建】→【图形】→【矩形】命令，单击工具栏上的【捕捉开关】按钮，在顶视图中单击并拖动鼠标创建一个大的矩形，然后再创建 4 个小矩形使其包住灯具，如图 5-22 所示。

　　（10）执行【创建】→【图形】→【圆】命令，在顶视图中单击并拖动鼠标创建圆形，再随意创建多个不同大小的圆形，如图 5-23 所示。

　　（11）选择绘制的矩形，单击鼠标右键，在弹出的快捷菜单中选择【转换为】命令中的【转换为编辑样条曲线】子命令，在【几何体】卷展栏中选择【附加】按钮后依次在视图中单击刚刚绘制的矩形和圆形，使其附加在一起，效果如图 5-24 所示。

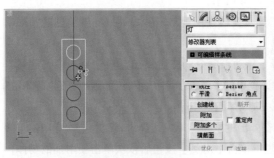

图 5-17　附加在一起

图 5-18　挤出效果（1）

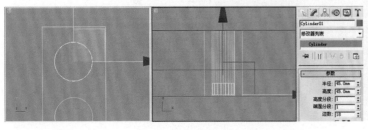

图 5-19　制作灯具

图 5-20　复制 3 个圆柱体的效果

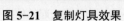

图 5-21　复制灯具效果

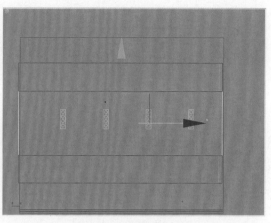

图 5-22　创建矩形（1）

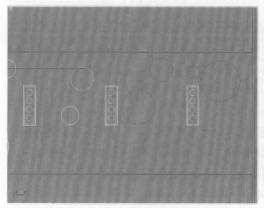

图 5-23　创建圆形（2）

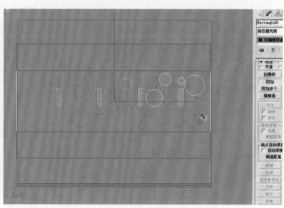

图 5-24　附加在一起的效果（1）

（12）附加完后，在【修改器列表】中选择【挤出】命令，将【参数】卷展栏中的【数量】改为 150，在【修改器列表】上的命名处将其命名为"装饰板"，如图 5-25 所示。

（13）执行【创建】→【图形】→【矩形】命令，在顶视图中单击并拖动鼠标创建矩形，如图 5-26 所示。

（14）执行【创建】→【图形】→【圆】命令，在顶视图中创建一个圆形，在其上单击鼠标右键选择【转换为】命令中的【转换为可编辑样条线】子命令，如图 5-27 所示。

（15）单击【几何体】卷展栏中的【附加】按钮，将圆形和矩形附加在一起，效果如图 5-28 所示。

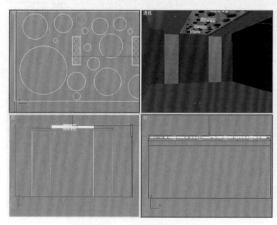

图 5-25　挤出效果（2）

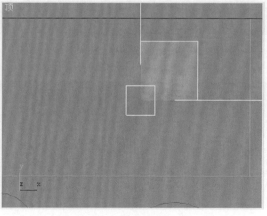

图 5-26　创建矩形（2）

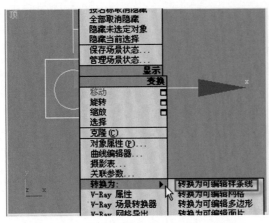
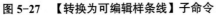
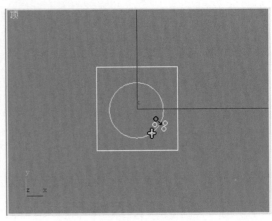

图 5-27 【转换为可编辑样条线】子命令　　　　　　图 5-28 附加在一起的效果（2）

（16）打开【修改】面板，在其上的【修改器列表】的下拉列表中选择【挤出】命令，修改【数量】为 -10，效果如图 5-29 所示。

（17）创建筒灯灯芯，执行【创建】→【几何体】→【圆柱体】命令，在顶视图中单并拖动鼠标创建圆柱体，设置【半径】为 50mm，【高度】为 10mm，如图 5-30 所示。

（18）调整位置，如图 5-31 所示。

（19）选择筒灯，单击鼠标右键，在弹出的快捷菜单中选择【移动】命令，然后按住 Shift 键将筒灯进行移动，移动到适当位置后释放鼠标，在【克隆选项】对话框的【对象】栏中输入"复制"，在【副本数】旁边的【参数】栏中输入"3"，单击【确定】按钮，效果如图 5-32 所示。

（20）执行【创建】→【几何体】→【长方体】命令，在左视图中创建长方体，设置【长度】为 150nm，【宽度】为 750mm，【高度】为 400mm，利用【捕捉】工具移动物体到适当位置，效果如图 5-33 所示。

（21）执行【创建】→【几何体】→【长方体】命令，在左视图中创建长方体，设置【长度】为 150mm，【宽度】为 150mm，【高度】为 150mm，利用【捕捉】工具移动物体到适当位置，效果如图 5-34 所示。

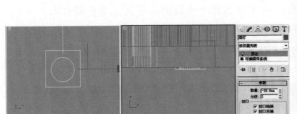
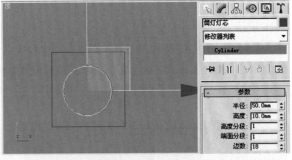

图 5-29 挤出效果（3）　　　　　　　　　　　图 5-30 筒灯灯芯

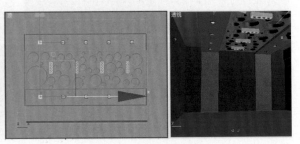

图 5-31 调整位置　　　　　　　　　　　图 5-32 复制筒灯效果

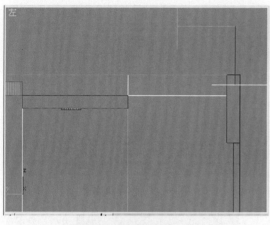

图 5-33 创建长方体（1）　　　　　　图 5-34 创建长方体（2）

（22）创建灯管及筒灯灯芯。执行【创建】→【几何体】→【圆柱体】命令，在顶视图中单击并拖动鼠标创建圆柱体，设置【半径】为50mm，【高度】为5mm，效果如图5-35所示。

图 5-35 创建灯管及筒灯灯芯

（23）利用框选的方式选择前面创建的两个长方体和一个圆柱体，按住 Shift 键，利用【移动】工具复制一个，效果如图5-36所示。

（24）在顶视图中选择前面制作的两个筒灯，在房间的右侧复制两个，效果如图5-37所示。

（25）创建投影幕布，执行【创建】→【几何体】→【平面】命令，在左视图中单击并拖动鼠标创建平面，在【参数】卷展栏中修改【长度】为1 800mm，【宽度】为1 700mm，效果如图5-38所示。

（26）创建幕布竿，执行【创建】→【几何体】→【圆柱体】命令，在前视图中单击并拖动鼠标创建圆柱体，在【修改】面板中修改【半径】为10mm，【长度】为1 750mm，效果如图5-39所示。

（27）按"Ctrl+S"组合键保存文件。

5.2.2 会议室内桌子模型的制作

（1）执行【创建】→【几何体】→【长方体】命令，在顶视图中单击并拖动鼠标确定长方体的大小，释放鼠标后再拖动鼠标确定长方体的高度，命名为"会议桌底座"，在【修改】面板中修改【长度】为1 250mm，【宽度】为2 350mm，【高度】为750mm，效果如图5-40所示。

（2）单击会议桌底座，在【修改器列表】中选择【编辑网格】命令，然后在修改器堆栈中选择【顶点】子物体级别，在前视图中创建图5-41所示的顶点。

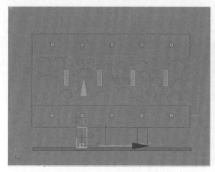

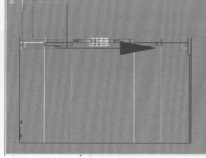

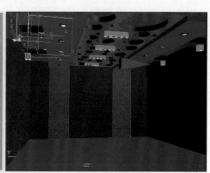

图 5-36 复制效果　　　　　　　　　　图 5-37 复制两个筒灯

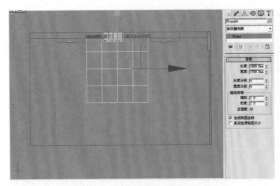

图 5-38 投影幕布效果（1）

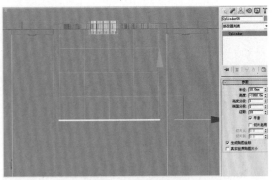

图 5-39 创建幕布竿

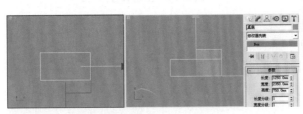

图 5-40 创建会议桌底座

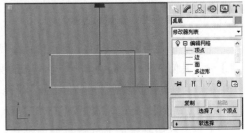

图 5-41 创建顶点

（3）选择好下面的两个点后激活顶视图，在顶视图中单击鼠标右键，从弹出的快捷菜单中选择【缩放】工具，在顶视图中选择的点上单击并拖动鼠标进行缩放，效果如图 5-42 所示。

（4）执行【创建】→【几何体】→【长方体】命令，在顶视图中创建长方体，在【修改】面板中修改【长度】为 2 000mm，【宽度】为 3 300mm，【高度】为 90mm，并利用移动工具调整其位置，效果如图 5-43 所示。

（5）执行【创建】→【图形】→【矩形】命令，利用【捕捉开关】工具在前视图中单击并拖动鼠标创建

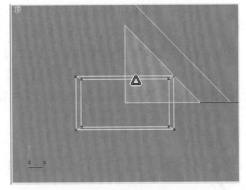

图 5-42 缩放效果

矩形，在矩形上单击鼠标右键，执行【转换为】→【转换为可编辑样条线】命令，在【修改】面板中选择【样条线】子物体级别，在【几何体】卷展栏中选择【轮廓】按钮，在前视图中单击样条线，在【轮廓】旁边的【参数】框中输入"5"，再按 Enter 键，效果如图 5-44 所示。

（6）在【修改器列表】的下拉列表中选择【挤出】修改器，在参数栏中输入数值"500"，效果如图 5-45 所示。

（7）按"Ctrl+S"组合键保存文件。

图 5-43 创建长方体（3）

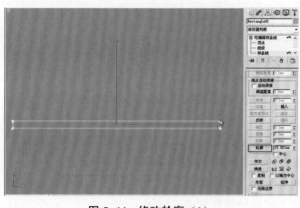
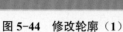

图 5-44　修改轮廓（1）

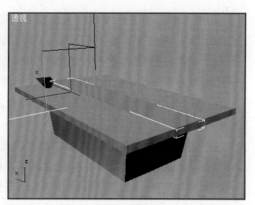

图 5-45　挤出效果（4）

5.2.3　会议室内椅子模型的制作

（1）执行【创建】→【图形】→【矩形】命令，在前视图中单击并拖动鼠标创建矩形，在【修改】面板中修改【长度】为 450mm，【宽度】为 600mm，效果如图 5-46 所示。

（2）在矩形上单击鼠标右键，执行【转换为】→【转换为可编辑样条线】命令，在修改器堆栈中选择【顶点】子物体级别，选择图 5-47 所示的点，在【几何体】卷展栏中单击【断开】按钮将其断开。

（3）断开后，原来的点变成了两个重合的点，单击选择其中任意一个点，并将其向上移动，如图 5-48 所示。

（4）选择另外一个点，将其向下移动，并在点上单击鼠标右键，从弹出的快捷菜单中选择【贝兹拐角】命令，利用【移动】工具调整绿色的控制手柄，如图 5-49 所示。

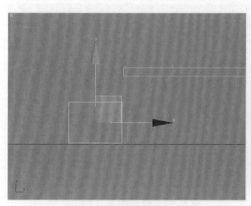

图 5-46　创建矩形（3）

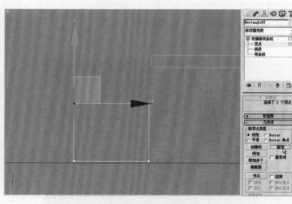

图 5-47　断开点

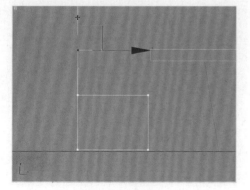

图 5-48　修改点

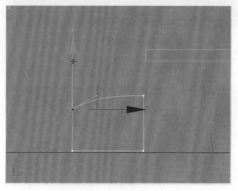

图 5-49　移动点（1）

注意：如果没有控制手柄，可在点上单击鼠标右键，从弹出的快捷菜单中选择【贝兹拐角】命令，它能产生两个独立的切线手柄，分别控制两段曲线的曲度。

（5）将直角修改成圆角，选择三个直角点，在【几何体】卷展栏中选择【圆角】命令，在视图中的顶点上单击并移动鼠标，将直角转变为圆角，如图 5-50 所示。

（6）执行【创建】→【图形】→【线】命令，在前视图中单击并拖动鼠标，创建样条线，如图 5-51 所示。

（7）将创建的样条线上的角修改为圆角，先选中它们，在【几何体】卷展栏中选择【圆角】命令，在视图中的顶点上单击并拖动鼠标，将直角转变为圆角，效果如图 5-52 所示。

（8）在修改器堆栈中选择【顶点】子物体级别，在【修改】面板中单击【几何体】卷展栏中的【优化】按钮，在图 5-53 所示位置单击鼠标创建新的点。

（9）移动样条线上最顶端的点，如图 5-54 所示。

（10）将刚刚移动点产生的直角转换为圆角，在【几何体】卷展栏中选择【圆角】命令，在视图中的顶点上单击并拖动鼠标将直角转变为圆角，效果如图 5-55 所示。

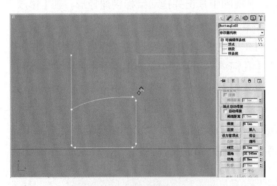

图 5-50　修改圆角（1）

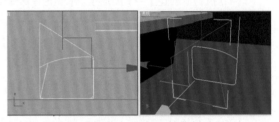

图 5-51　创建样条线

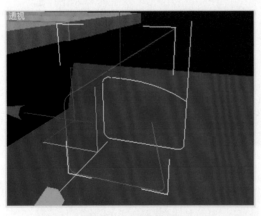

图 5-52　圆角效果

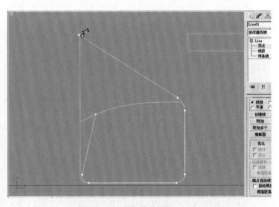

图 5-53　优化效果（1）

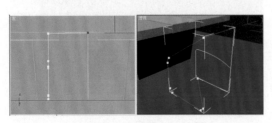

图 5-54　移动点（2）

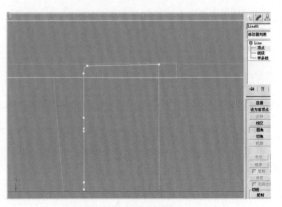

图 5-55　修改圆角（2）

（11）在修改器堆栈中选择【顶点】子物体级别，在【修改】面板中单击【几何体】卷展栏中的【优化】按钮，在图 5-56 所示位置单击创建新的点。

（12）继续移动并将直角转换为圆角，如图 5-57 所示。

（13）在【修改】面板中的【渲染】卷展栏中选中【在渲染中启用】和【在视口中启用】复选框，并修改【厚度】为 20mm，效果如图 5-58 所示。

（14）执行【创建】→【图形】→【线】命令，在顶视图中创建直线，放置如图 5-59 所示位置，此时【渲染】卷展栏中已选中【在渲染中启用】和【在视口中启用】复选框，设置【厚度】为 20mm。

（15）执行【创建】→【几何体】→【扩展基本体】→【切角长方体】命令，在前视图中单击并拖动鼠标创建切角长方体，创建完成后修改【长度】为 500mm，【宽度】为 600mm，【高度】为 100mm，【圆角】为 20mm，【长度分段】为 5，【宽度分段】为 5，【高度分段】也为 5，效果如图 5-60 所示。

（16）创建完后在【修改】面板的【修改器列表】的下拉列表中选择 FFD 3×3×3 修改器，并在修改器堆栈中选择【控制点】选项，在视图中单击以移动控制点调整图形，如图 5-61 所示。

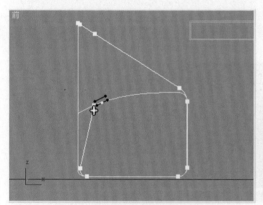

图 5-56 优化效果（2）

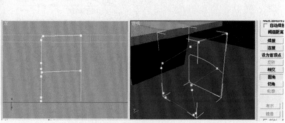

图 5-57 调整点（1）

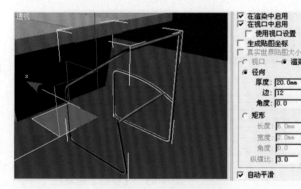

图 5-58 设置为可渲染

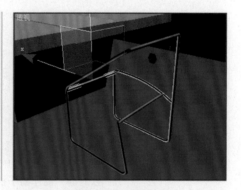

图 5-59 创建直线

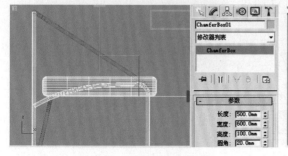

图 5-60 切角长方体效果

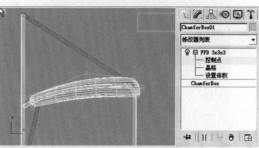

图 5-61 FFD 修改效果（1）

（17）创建椅子靠背。执行【创建】→【几何体】→【扩展基本体】→【切角长方体】命令，在前视图中单击并拖动鼠标创建切角长方体，在【修改】面板中修改【长度】为480mm，【宽度1】为100mm，【高度】为270mm，【圆角】为20mm，【长度分段】为5，【宽度分段】为5，【高度分段】为5，【切角分段】为5，如图5-62所示。

（18）创建完后在【修改】面板的【修改器列表】下拉列表中选择【FFD 3×3×3】修改器，并在修改器堆栈中选择【控制点】项，在视图中单击以移动控制点调整图形，如图5-63所示。

（19）制作椅子扶手。执行【创建】→【几何体】→【扩展基本体】→【切角长方体】命令，在前视图中创建切角长方体，如图5-64所示。

（20）在【修改器列表】中选择【弯曲】修改器，将【参数】卷展栏中【弯曲】选项组中的【角度】设置为60，在【限制】选项组中选中【限制效果】复选框，并设置【上限】为450mm，【下限】为0mm，如图5-65所示。

（21）在修改器堆栈中选择【Gizmo】级别，在前视图中利用【移动】工具移动黄色边框，如图5-66所示。

（22）在顶视图中看到的弯曲效果如图5-67所示。

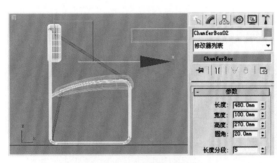

图 5-62 修改椅子靠背

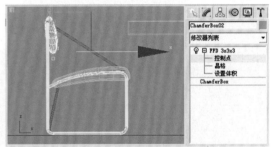

图 5-63 FFD 修改效果（2）

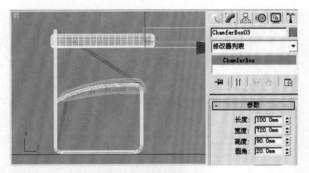

图 5-64 制作椅子扶手

图 5-65 【参数】卷展栏

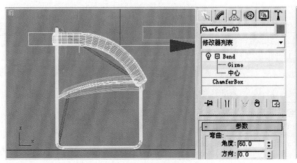

图 5-66 弯曲

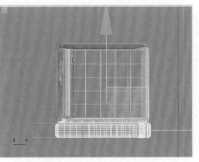

图 5-67 弯曲效果

（23）透视图中的椅子效果如图 5-68 所示。

（24）选择椅子扶手，在视图中单击鼠标右键并执行【转换为】→【转换为可编辑网格】命令，在【编辑几何体】卷展栏中选择【附加】按钮，依次单击坐垫、靠背、扶手，将坐垫、靠背、扶手附加在一起，如图 5-69 所示。

（25）将组成椅子的样条线附加在一起，选择其中一个样条线，在视图中单击鼠标右键并执行【转换为】→【转换为可编辑网格】命令，在【编辑几何体】卷展栏中选择【附加】按钮，将椅子图形附加在一起，效果如图 5-70 所示。

（26）按"Ctrl+S"组合键保存文件。

5.2.4　会议室画框的制作

1）执行【创建】→【图形】→【矩形】命令，在前视图中单击并拖动鼠标创建矩形，在【修改】面板中修改【长度】为 650 mm，【宽度】为 500 mm，如图 5-71 所示。

2）在视图中的矩形上单击鼠标右键并执行【转换为】→【转换为可编辑样条线】命令，在【样条线】子物体级别下选择样条线，然后在【几何体】卷展栏中选择【轮廓】按钮，在所选的样条线上单击并拖动鼠标进行轮廓的修改，如图 5-72 所示。

3）创建好轮廓后单击【修改】面板，在面板中的【修改器列表】的下拉列表中选择【挤出】命令，在【参数】面板中输入【数量】为 30，效果如图 5-73 所示。

4）创建投影幕布，执行【创建】→【几何体】→【平面】命令，在前视图中单击并拖动鼠标创建平面，并在左视图中利用【捕捉开关】调整其位置，如图 5-74 所示。

5）在视图中选择画框整体，通过 Shift 键和【移动】工具的配合复制 1 个画框，效果如图 5-75 所示。

6）按"Ctrl+S"组合键保存文件。

图 5-68　椅子效果

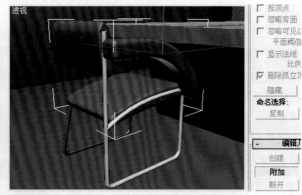

图 5-69　附加在一起的效果（3）

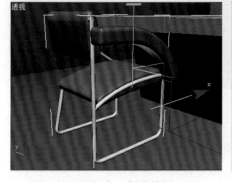

图 5-70　附加在一起的效果（4）

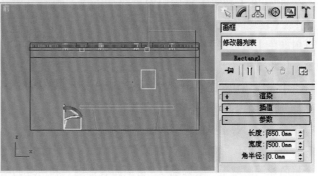

图 5-71　创建矩形（4）

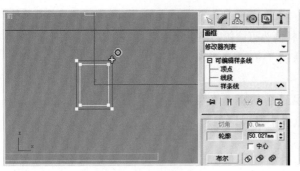

图 5-72　修改轮廓（2）

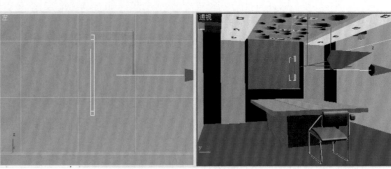

图 5-73　挤出效果（5）

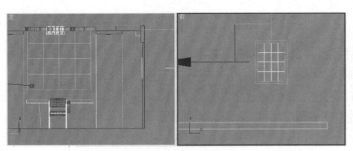

图 5-74　创建投影幕布

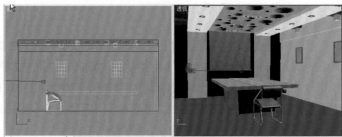

图 5-75　复制画框效果

5.3　材质的制作

（1）在视图中选择【墙面】模型，在主工具栏中单击【材质编辑器】▣按钮，在弹出的对话框中选择一个空白的材质球，通过▣按钮赋予"墙面"，并修改其名字为"墙面"，然后单击【标准】按钮，在弹出的材质类型对话框中选择【建筑】材质，如图 5-76 所示。

注意：可以通过 M 键开关【材质编辑器】对话框。

（2）在【建筑】材质中设置材质【模板】为【理想的漫反射】类型，然后单击【漫反射颜色】旁边的色框，修改色值为【红】240,【绿】230,【蓝】215，单击【确定】按钮。修改【高级照明覆盖】卷展栏中的【颜色溢出比例】为 10（图 5-77），单击【将材质指定给选定对象】按钮将材质赋予物体。

图 5-76　【建筑】材质

（3）选择"装饰墙""窗顶面装饰墙"和两边的墙，单击【将材质指定给选定对象】按钮将这个材质球同时赋予"装饰墙""窗顶面装饰墙"和两边的墙，效果如图 5-78 所示。

（4）选择另外一个空白材质球并调节为【建筑】材质，设置材质【模板】为【油漆光泽的木材】，单击【漫反射贴图】旁边的按钮，在【材质贴图浏览器】中选择【位图】选项，在【选择位图图像文件】对话框中选择本书素材网站中的贴图文件"木材1.jpg"，然后单击【转到父对象】按钮，设置【高级照明覆盖】卷展栏中【颜色溢出比例】的值为10，单击【将材质指定给选定对象】按钮将其赋给"装饰板"，效果如图5-79所示。

（5）选择中间的顶灯模型，重新选择一个空白材质球并调节为【建筑】材质，设置材质【模板】为【理想的漫反射】类型，调节【漫反射颜色】的值为【红】10，【绿】12，【蓝】15，设置【颜色溢出比例】的值为10，效果如图5-80所示。

（6）选择顶灯灯管，重新选择一个空白材质球并调节为【建筑】材质，命名为"顶灯材质"，设置材质【模板】为【用户定义】类型，调节【漫反射颜色】的值为【红】252，【绿】243，【蓝】228，设置【亮度】的值为1 000，【颜色溢出比例】的值为0，效果如图5-81所示。

（7）选择筒灯模型，将顶灯的材质赋予筒灯，效果如图5-82所示。

（8）选择投影幕布，选择另外一个空白材质球并调节为【建筑】材质，命名为"幕布"，设置材质【模板】为【纺织品】类型，为【漫反射贴图】赋予本书素材网站中的贴图文件"屏幕.jpg"，设置【颜色溢出比例】的值为10，效果如图5-83所示。

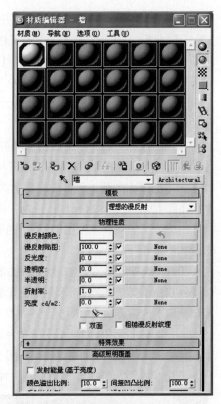

图 5-77　【材质编辑器】对话框里的
【高级照明覆盖】卷展栏

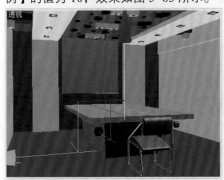

图 5-78　赋予"装饰墙"材质

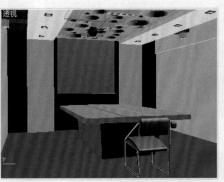

图 5-79　赋予"装饰板"材质

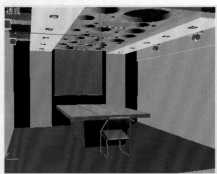

图 5-80　顶灯效果

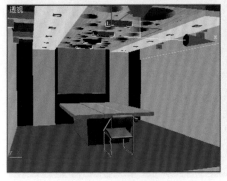

图 5-81　顶灯灯管

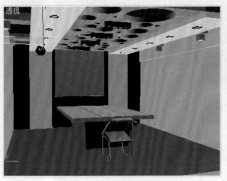

图 5-82　筒灯效果

图 5-83　投影幕布效果（2）

（9）选择另外一个空白材质球并调节为【建筑】材质，命名为"桌底"，设置材质【模板】为【油漆光泽的木材】类型，为【漫反射贴图】赋予本书素材网站中的贴图文件"木材1.jpg"，设置【颜色溢出比例】的值为10，效果如图5-84所示。

（10）选择另外一个空白材质球并调节为【建筑】材质，命名为"金属"，设置材质【模板】为【金属】类型，调节【漫反射颜色】的值为【红】252，【绿】243，【蓝】228，设置【亮度】的值为1 000，【颜色溢出比例】的值为0，效果如图5-85所示。

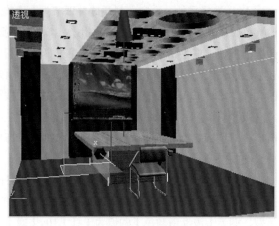

图 5-84　桌底效果

（11）选择另外一个空白材质球并调节为【建筑】材质，命名为"椅子坐垫"，设置材质【模板】为【纺织品】类型，为【漫反射贴图】赋予本书素材网站中的贴图文件"椅子布.jpg"，设置【颜色溢出比例】的值为0，效果如图5-86所示。

（12）将【金属】材质赋予椅子金属管，并为地面赋予材质，如图5-87所示。

（13）赋予材质后的最终效果如图5-88所示。

（14）按"Ctrl+S"组合键保存文件。

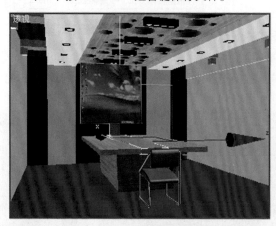

图 5-85　金属材质效果

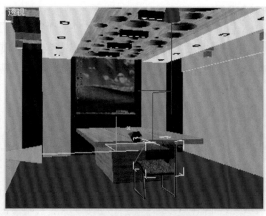

图 5-86　椅子坐垫效果

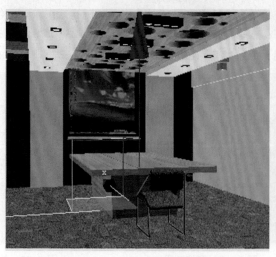

图 5-87　椅子金属材质效果

图 5-88　赋予材质后的最终效果

5.4　灯光的制作

（1）打开【创建】面板，单击【灯光】按钮，在【标准】下拉列表中选择【光度学】命令，单击【目标灯光】按钮，在前视图房间内单击并拖动鼠标建立目标点光源，效果如图 5-89 所示。

（2）在【修改】面板中设置目标点光源参数，在【常规参数】卷展栏中的【阴影】选项组中选中【启用】复选框，并在下拉列表中选择【高级光线跟踪】命令，在【灯光分布（类型）】下拉列表中选择【光度学 web】选项，在【分布（光度学 web）】卷展栏中单击【选择光度学文件】按钮，在【打开光域 web 文件】对话框中找到本书素材网站的光域网文件"SD-018.IES"，在【强度 / 颜色 / 衰减】卷展栏中设置强度为 1 000Lm，如图 5-90 所示。

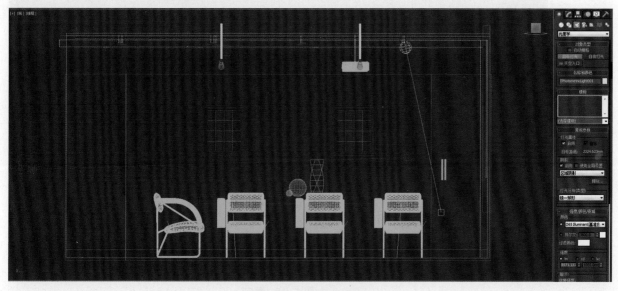

图 5-89　目标点光源

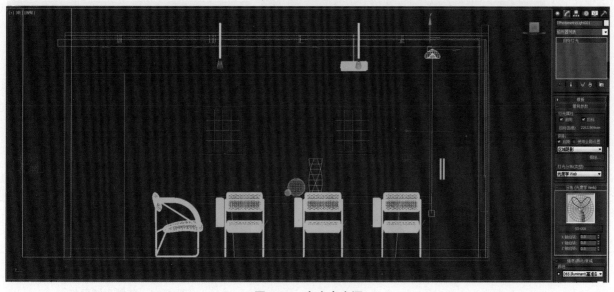

图 5-90　自由点光源

（3）在顶视图中框选调节好的目标点光源，按住 Shift 键配合移动工具进行复制，在【克隆选项】对话框中设置对象为【实例】（图 5-91），即以【实例】方式复制灯光，设置【副本数】为 4，并调整其摆放位置。

（4）使用框选的方式选择刚刚复制出的灯，在顶视图中按"Ctrl+C"组合键后按"Ctrl+V"组合键进行复制，在出现的对话框中的【对象】栏中输入"实例"，【副本数】为 1，单击【确定】按钮完成复制；然后单击鼠标右键选择【移动】命令将灯移动到房间的右侧，如图 5-92 所示。

（5）单击【创建】→【灯光】→【光度学】→【目标灯光】按钮，然后在前视图中单击并拖动鼠标创建灯光，在【修改】面板中修改【灯光分布（类型）】为【光度学 web】。在【分布（光度学 web）】卷展栏中单击 web 文件下的空白按钮，选择本书素材网站的光域网文件"SD-022.IES"，运用移动工具调整其位置，如图 5-93 所示。

（6）在顶视图中将刚制作出来的光域网灯复制 3 个，并调整其位置，如图 5-94 所示。

（7）按"Ctrl+S"组合键保存文件。

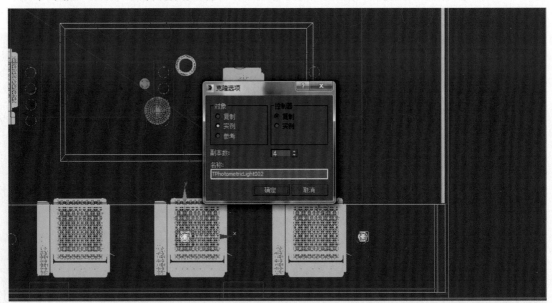

图 5-91 复制

图 5-92 复制 5 盏灯

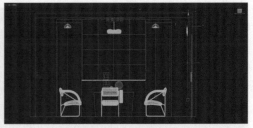

图 5-93 创建灯光

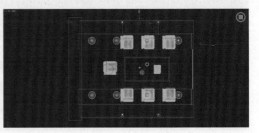

图 5-94 复制光域网灯

5.5 设置摄像机

（1）利用 Alt 键和鼠标中键调整透视图，如图 5-95 所示。

（2）在透视图中窗框黄色显示的情况下执行【视图】→【从视图创建摄像机】命令，透视图转变为摄像机视图，如图 5-96 所示。

（3）选择摄像机，可通过【修改】面板创建摄像机，如图 5-97 所示。

（4）按"Ctrl+S"组合键保存文件。

图 5-95　调整透视图

图 5-96　透视图转变摄像机视图

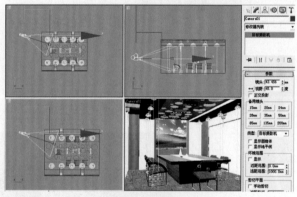

图 5-97　创建摄像机

本章小结

本章主要从模型的建立、物体材质的建立、灯光的创建、渲染设置、后期处理 5 个方面介绍会议室效果图的制作流程。

思考与实训

一、思考题

会议室效果图的特征是什么？

二、实训题

试进行会议室效果图表现。

第六章 卧室灯光效果图表现

知识目标

　　熟悉卧室空间的气氛营造和材质表现。

能力目标

　　掌握卧室灯光效果图表现的要点，对主、次光源的设定有一定的了解。

图 6-1 所示为本章所要制作的卧室灯光效果图。

图 6-1　卧室灯光效果图

6.1　卧室框架的制作

　　首先设定单位。执行【自定义】→【单位设置】命令，弹出【单位设置】对话框，选中【公制】单选项，选择下拉列表中的【毫米】选项，再单击【系统单位设置】按钮，弹出【系统单位设置】对话框，在该对话框中打开下拉列表，在其中选择【毫米】选项，单击【OK】按钮。

（1）绘制平面图。执行【创建】→【二维图形】→【矩形】命令，在顶视图中拖动鼠标创建一个矩形，在【修改】面板中修改参数为【长度】4 800mm，【宽度】4 000mm，如图 6-2 所示。

（2）执行【创建】→【二维图形】→【矩形】命令，在顶视图中拖动鼠标创建一个矩形，在【修改】面板中修改参数为【长度】800mm，【宽度】1 800mm，命名为"阳台"，在工具栏中用鼠标右键单击【捕捉开关】按钮 ，在弹出的【栅格和捕捉设置】对话框中勾选端点和中心后关闭对话框，在【捕捉开关】按钮 开启的情况下选择"阳台"，使它们的中点对齐，如图 6-3 所示。

（3）用同样的方法创建一个新的矩形，修改参数为【长度】1 200mm，【宽度】2 000mm，并使用捕捉开关使它们的端点对齐，如图 6-4 所示。

（4）用同样的方法创建一个新的矩形，修改参数为【长度】900mm，【宽度】1 200mm，并使用捕捉开关使它们的端点对齐，如图 6-5 所示。

（5）在矩形被选中的情况下单击鼠标右键，选择【转换为】→【转换为可编辑样条线】命令，在【修改】面板的【几何体】卷展栏中选择【附加】按钮，然后依次单击其余的两个矩形，将它们附加在一个整体中，命名为"平面图"，如图 6-6 所示。

（6）在【修改】面板中选择【样条线】子对象，然后单击【几何体】卷展栏中的【修剪】按钮，利用鼠标单击的方式在视图中对线条进行修改，效果如图 6-7 所示。

图 6-2　绘制矩形

图 6-3　阳台

图 6-4　绘制 1200mm×2 000mm 的矩形

图 6-5　绘制 900mm×1 200mm 的矩形

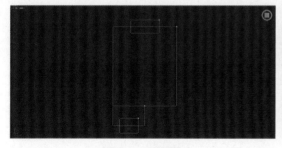

图 6-6　平面图

图 6-7　修改线条

（7）选择【线段】子对象，然后选择视图中单独的线段，按 Delete 键对多余的线条进行删除，如图 6-8 所示。

（8）选择【顶点】子对象，然后框选所有的顶点，单击【几何体】卷展栏里的【焊接】按钮，将顶点进行焊接，如图 6-9 所示。

（9）在【样条线】子对象模式下，选择所有的样条线，然后在【几何体】卷展栏中的【轮廓】按钮旁边的数字框中输入"120"，单击视图确定，并在【修改】面板中将其命名为"墙"，效果如图 6-10 所示。

（10）执行【创建】→【二维图形】→【矩形】命令，在顶视图中拖动鼠标创建一个矩形，在【修改】面板中修改参数为【长度】800mm，【宽度】1 800mm，利用捕捉功能将其调整到图中位置，如图 6-11 所示。

（11）在选择矩形的情况下用鼠标右键单击【转换为可编辑样条线】按钮，选择【线段】子对象，单击下端的线段对其进行删除，如图 6-12 所示。

（12）在【样条线】子模式下选择样条线，然后在【轮廓】右侧的数字框中输入"-120"，单击视图确认，并在【修改】面板中将其命名为"阳台"，效果如图 6-13 所示。

（13）制作墙体。在视图中选择"墙"，单击命令面板中的【修改】按钮，选择【修改器列表】的下拉列表中的【挤出】命令，设置挤出的数值为 2 900，即房间的高度为 2.9 m，如图 6-14 所示。

（14）制作卧室地面。执行【创建】→【图形】→【线】命令，运用捕捉工具在顶视图中绘制房间地面图形，将其命名为"地面"，如图 6-15 所示。

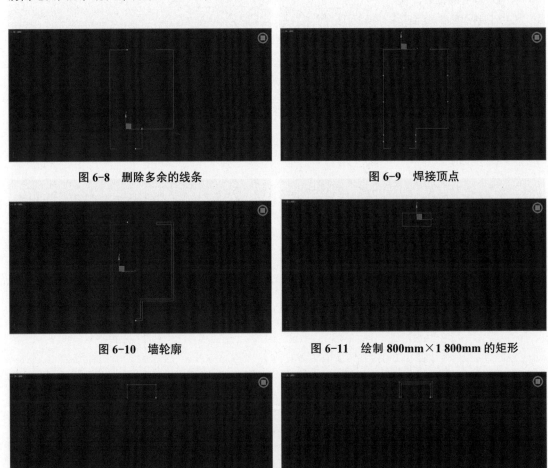

图 6-8　删除多余的线条　　　　　　　　　　图 6-9　焊接顶点

图 6-10　墙轮廓　　　　　　　　　　图 6-11　绘制 800mm×1 800mm 的矩形

图 6-12　删除线段　　　　　　　　　　图 6-13　轮廓

图 6-14　挤出（1）

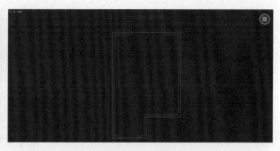

图 6-15　地面

（15）选择"地面"物体。在【修改器列表】的下拉列表中选择【挤出】命令，设置【参数】卷展栏里的数量值为 - 100，如图 6-16 所示。

（16）制作"顶面"物体。在前视图中选择"地面"，配合 Shift 键，移动物体至适当位置后释放鼠标，单击【克隆选项】对话框中的【复制】按钮后单击【确定】按钮得到"地面 01"，打开【修改】面板将其名字修改为"顶面"，并将其移动到适当的位置，如图 6-17 所示。

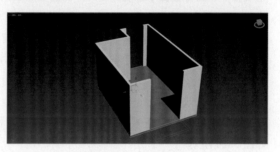

图 6-16　挤出（2）

（17）制作飘窗窗台。继续运用捕捉工具在顶视图中绘制飘窗窗台，效果如图 6-18 所示。

（18）选择窗台。在【修改器列表】的下拉列表中选择【挤出】命令，设置其【参数】卷展栏中的【数量】为 500，如图 6-19 所示。

（19）制作窗台顶。选择窗台，按住 Shift 键配合移动工具将窗台复制 1 个，在【克隆选项】对话框中将名称改为"窗台顶"，单击【确定】按钮，在【参数】卷展栏中修改其挤出数值为 300，并将其移动到适当位置，如图 6-20 所示。

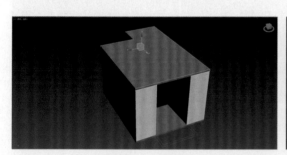

图 6-17　顶面

图 6-18　飘窗窗台

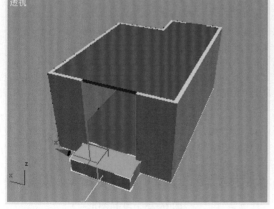

图 6-19　挤出窗台

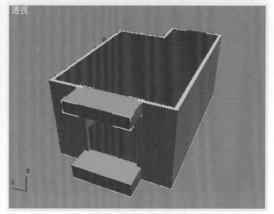

图 6-20　挤出窗台顶

（20）制作窗框。执行【创建】→【图形】→【线】
命令，运用捕捉工具锁定窗台的边绘制一条线，创建
完成后单击修改器堆栈中的【样条线】子物体级别，
单击【几何体】卷展栏里的【轮廓】按钮后单击并拖
动鼠标产生轮廓，命名为"窗框"，如图 6-21 所示。

（21）选择窗框。打开【修改】面板，在【修改
器列表】的下拉列表中选择【挤出】命令，在【参数】
卷展栏中设置【数量】的值为 100，在透视图中调整其
位置，如图 6-22 所示。

（22）单击左视图使其边框显示黄色，在窗框上

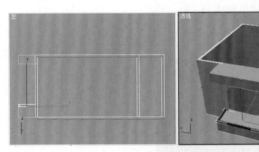

图 6-21 创建窗框

单击鼠标右键选择【移动】命令，按住 Shift 键对物体进行移动，至适当位置后释放鼠标，在弹出的
对话框中输入【对象】为"复制"，【副本数】为 1，单击【确定】按钮，在左视图中利用捕捉工具
调整其位置，效果如图 6-23 所示。

（23）执行【创建】→【图形】→【矩形】命令，利用捕捉工具在顶视图中单击并拖动鼠标创建矩形，
如图 6-24 所示。

（24）利用捕捉工具在顶视图中按住 Shift 键移动物体，对物体进行复制，在【克隆选项】对话
框中选择【复制】选项，【副本数】为 1，并调整其位置，共复制 3 个，如图 6-25 所示。

（25）选择其中一个矩形，在【修改器列表】的下拉列表中选择【编辑样条曲线】命令，单击【几
何体】卷展栏中的【附加】按钮，依次单击其他矩形将其附加在一起，命名为"窗格"，如图 6-26 所示。

（26）选择窗格，在【修改器列表】的下拉列表中选择【挤出】命令，修改【参数】卷展栏里
的【数量】为 1 800，调整其位置，如图 6-27 所示。

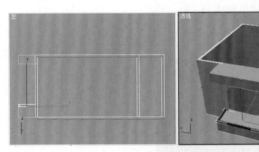

图 6-22 调整窗框

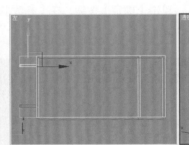

图 6-23 复制窗框

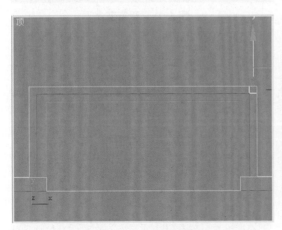

图 6-24 创建矩形

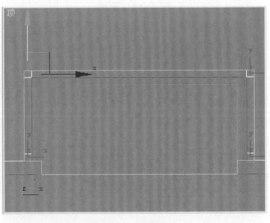

图 6-25 复制图形

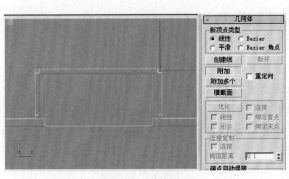

图 6-26　附加矩形

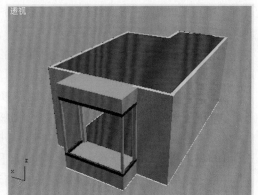

图 6-27　挤出高度

（27）执行【创建】→【图形】→【矩形】命令，在前视图中绘制 3 个矩形，效果如图 6-28 所示。

（28）选择其中一个矩形，打开【修改】面板，在【修改器列表】的下拉列表中选择【编辑样条线】命令，然后利用【几何体】卷展栏中的【附加】按钮将其他两个矩形附加在一起。

（29）在修改器堆栈中选择【样条线】子物体级别，选择【几何体】卷展栏中的【修剪】命令，单击要修剪的线段，如图 6-29 所示。

（30）再次单击【顶点】子物体级别，使用框选的方式选择刚刚修剪产生的点，选择【几何体】卷展栏中的【焊接】命令，将分开的点焊接在一起，如图 6-30 所示。

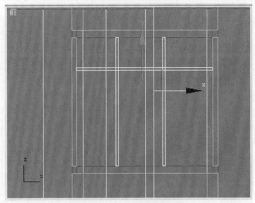

图 6-28　绘制矩形

（31）在【修改器列表】的下拉列表中选择【挤出】命令，在【参数】卷展栏中将【数量】修改为 50，并将其移动到适当位置，如图 6-31 所示。

图 6-29　修剪线段

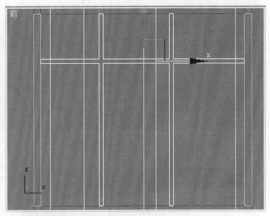

图 6-30　焊接分开的点

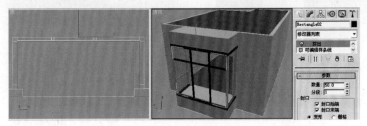

图 6-31　挤出

（32）在左视图中绘制矩形，并选择【挤出】命令，在【参数】卷展栏中将【数量】设置为50，并调整其位置，如图 6-32 所示。

（33）在顶视图中按住 Shift 键并利用移动工具复制一个矩形，放到窗户的另外一面，如图 6-33 所示。

（34）在物体上单击鼠标右键并执行【转换为】→【转换为可编辑网格】命令，利用【几何体】卷展栏中的【附加】按钮将组成窗框的模型附加在一起，如图 6-34 所示。

（35）制作窗户玻璃。在顶视图中利用捕捉工具绘制样条线，在【修改器列表】的下拉列表中选择【挤出】命令，在【参数】卷展栏中修改【数量】为 1 800，并调整其位置，如图 6-35 所示。

（36）玻璃做好后的室内效果如图 6-36 所示。

（37）执行【创建】→【图形】→【矩形】命令，在顶视图中单击并拖动鼠标创建一个矩形，在【修改】面板中修改参数为【长度】1 400mm，【宽度】60mm，命名为"装饰墙"，如图 6-37 所示。

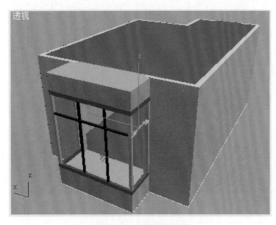
图 6-32 调整位置

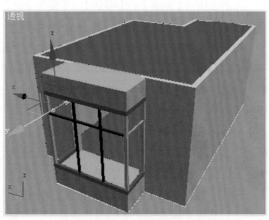
图 6-33 复制矩形

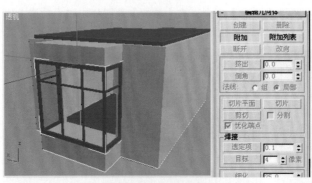
图 6-34 附加模型

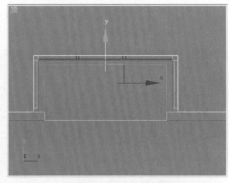
图 6-35 制作窗户玻璃

图 6-36 室内效果

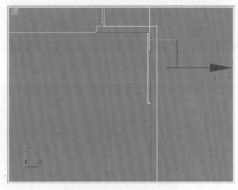
图 6-37 创建装饰墙

（38）在顶视图中利用捕捉工具复制一个装饰墙，放到之前装饰墙的下面，如图6-38所示。

（39）在顶视图中选择其中一个矩形，单击鼠标右键并执行【转换为】→【转换为可编辑样条线】命令，在【几何体】卷展栏中单击【附加】按钮，将另外一个矩形附加为一个整体，命名为"侧墙"。

（40）选择侧墙，在【修改器列表】的下拉列表中选择【挤出】命令，在【参数】卷展栏中设置【数量】为2 900，在顶视图中将其向左侧轻微移动，即离开墙一点距离，如图6-39所示。

（41）执行【创建】→【图形】→【线】命令，利用捕捉工具绘制样条线，当始点与终点重合时出现【样条线】对话框，单击【是】按钮，命名为"踢脚线"，如图6-40所示。

（42）在修改器堆栈中选择【样条线】子物体级别，选择样条线，在【几何体】卷展栏中的【轮廓】处输入数值"20"，然后单击【轮廓】按钮，效果如图6-41所示。

（43）在【修改器列表】的下拉列表中选择【挤出】命令，在【参数】卷展栏中的【输入条数值】处输入数值"120"，效果如图6-42所示。

（44）制作墙角线。执行【创建】→【图形】→【线】命令，在顶视图中绘制一个房间的封闭曲线，命名为"墙角线"，如图6-43所示。

（45）执行【创建】→【图形】→【线】命令，在前视图中单击创建样条线的第一个点，然后按住Shift键继续创建另外的点，直到始点与终点重合，在弹出的【样条线】对话框中，单击【是】按钮，在【修改】面板中的命名处将名字修改为"墙角截面"，如图6-44所示。

（46）单击修改器堆栈中的【顶点】子物体级别，单击【几何体】卷展栏中的【圆角】按钮，然后选择样条线的直角点，在点上单击并拖动鼠标将直角变为圆角，至适当的位置后释放鼠标，如图6-45所示。

（47）选择墙角截面，单击【层级】命令面板中的【仅影响轴】按钮，然后在前视图中将中心点移动到图6-46所示位置。

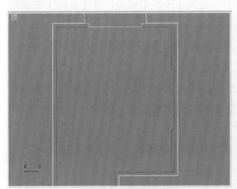

图6-38　复制装饰墙

图6-39　侧墙挤出效果

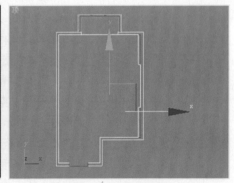

图6-40　创建踢脚线

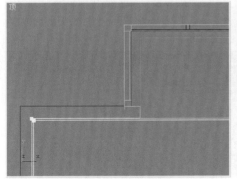

图6-41　修改轮廓

图6-42　挤出踢脚线效果

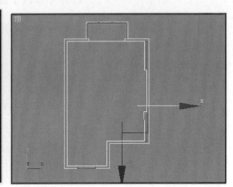

图6-43　制作墙角线

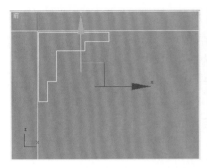

图 6-44　墙角截面

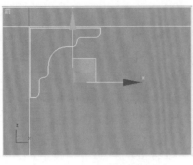

图 6-45　直角转变为圆角

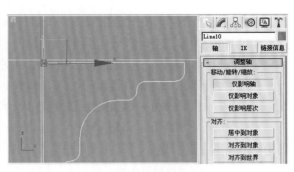

图 6-46　移动中心点

（48）选择墙角线，打开【创建】面板，单击【几何体】卷展栏中的【标准基本体】旁边的下三角按钮，选择下拉菜单中的【复合对象】命令，单击【复合对象】→【放样】按钮，在【创建方法】卷展栏中单击【获取图形】按钮后单击样条线"墙角线截面"，视图中自动生成几何体，调整其位置，效果如图 6-47 所示。

图 6-47　墙角线效果

（49）执行【创建】→【图形】→【线】命令，在【创建方法】卷展栏中的【初始类型】处选择【平滑】选项，在【拖动类型】处选择【平滑】选项，在视图中单击并拖动鼠标创建样条线，命名为"窗帘截面"，效果如图 6-48 所示。

（50）打开【修改】面板，在【修改器列表】的下拉列表中选择【挤出】命令，在【参数】卷展栏中修改【数量】为 2 000，在透视图中的窗帘效果如图 6-49 所示。

注意：如果在透视图中看不到完整的窗帘，可以在【修改器列表】的下拉列表中选择【法线】修改器对法线进行修改。

（51）选择挤出的窗帘截面，在工具栏中选择镜像工具，在出现的对话框中设置【镜像轴】为 X，设置【克隆当前选择】为【复制】，单击【确定】按钮后利用移动工具调整其位置，效果如图 6-50 所示。

（52）执行【创建】→【图形】→【矩形】命令。在顶视图中绘制矩形，在【修改】面板中修改参数为【长度】140mm，【宽度】140mm，命名为"灯"，如图 6-51 所示。

53）执行【创建】→【图形】→【圆】命令，在顶视图中单击并拖动鼠标绘制圆形，绘制完后打开【修改】面板，在【参数】卷展栏中设置【半径】为 60mm。选择工具栏中的【对齐】工具

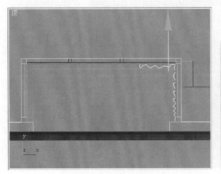

图 6-48　窗帘截面

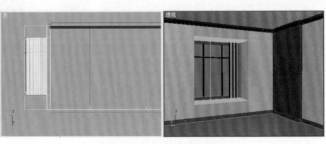

图 6-49　挤出窗帘效果

后单击前面绘制的矩形，在弹出的【对齐当前选择】对话框中的【对齐位置】处选中【X 位置】【Y 位置】【Z 位置】复选框，将两个样条线进行对齐，如图 6-52 所示。

（54）选择圆形，单击鼠标右键并执行【转换为】→【转换为可编辑样条线】命令，利用【几何体】卷展栏中的【附加】按钮将两个图形附加在一起，然后打开【修改】面板，在【修改器列表】的下拉列表中选择【挤出】命令，在【参数】卷展栏中修改【数量】的值为 -20，命名为"筒灯"，放置在房顶下方，如图 6-53 所示。

（55）执行【创建】→【几何体】→【圆柱体】命令，在顶视图中单击并拖动鼠标创建一个圆柱体，在【修改】面板中的【参数】卷展栏中修改【半径】为 60mm，【高度】为 15mm，并命名为"灯泡"，单击工具栏中的【对齐】工具　后单击前面绘制的矩形，在弹出的【对齐当前选择】对话框中的【对齐位置】处选中【X 位置】【Y 位置】【Z 位置】复选框，将两个样条线进行对齐，将它放在筒灯中间，如图 6-54 所示。

（56）在顶视图中使用框选的方式选择筒灯和灯泡，利用 Shift 键和移动工具对筒灯进行复制，在【克隆选项】对话框中将【对象】设置为【复制】，效果如图 6-55 所示。

（57）执行【文件】→【保存为】命令保存文件，文件名为"房间轮廓 .max"。

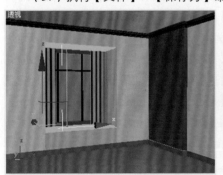

图 6-50　窗帘效果

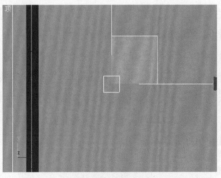

图 6-51　创建灯

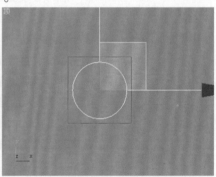

图 6-52　修改灯

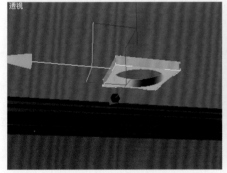

图 6-53　挤出筒灯

图 6-54　创建灯泡

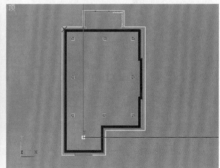

图 6-55　复制筒灯

6.2　卧室室内家具的制作

6.2.1　卧室空间床模型的制作

（1）执行【文件】→【重置】命令，在弹出的对话框中单击【保存】按钮，系统被重置，再执行【自定义】→【单位设置】命令，弹出【单位设置】对话框，选中【公制】单选项，选择下拉列表中的【毫米】选项，再单击【系统单位设置】按钮，弹出【系统单位设置】对话框，在该对话框的下拉列表中选择【毫米】选项，单击【OK】按钮，并保存文件名为"床"。

（2）执行【创建】→【几何体】→【长方体】命令，在顶视图中单击并拖动鼠标创建长方体，并在【修改】面板中修改参数为【长度】1 800mm，【宽度】2 000mm，【高度】300mm，长、宽、高的分段均为1，并命名为"床板"，如图6-56所示。

（3）执行【创建】→【几何体】→【扩展基本体】→【切角长方体】命令，在顶视图中单击并拖动鼠标创建切角长方体，在【修改】面板中修改参数为【长度】1 600mm，【宽度】200mm，【高度】1 200mm，【圆角】20mm，【长度分段】3，【宽度分段】4，【高度分段】5，【圆度分段】4，命名为"床头"，调整其视图，如图6-57所示。

（4）选择物体"床头"，打开【修改】面板，在【修改器列表】的下拉列表中选择FFD 3×3×3修改器，单击修改器堆栈中的【控制点】子物体级别，在前视图中框选控制点修改控制点的位置，如图6-58所示。

（5）在顶视图中选择物体"床头"，按住Shift键配合移动工具进行复制，在适当的位置释放鼠标，在【克隆选项】对话框中输入【对象】为【复制】，【副本数】为1，得到"床头01"，在修改器堆栈中单击【切角长方体】回到切角长方体编辑状态，修改【长度】为100mm，调整其位置，如图6-59所示。

（6）按住Shift键配合移动工具对"床头01"进行复制，复制好后调整其位置，如图6-60所示。

（7）创建床垫。执行【创建】→【几何体】→【扩展基本体】→【切角长方体】命令，在顶视图中创建切角长方体，在【修改】面板中修改参数为【长度】1 800mm，【宽度】2 000mm，【高度】170mm，【圆角】20mm，长、宽、高的分段均为1，【圆角分段】为4，命名为"床垫"，调整其位置，如图6-61所示。

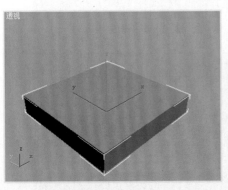

图6-56 床板

图6-57 床头

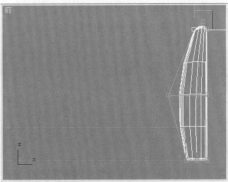

图6-58 修改床头

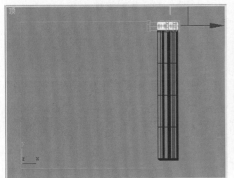

图6-59 调整位置

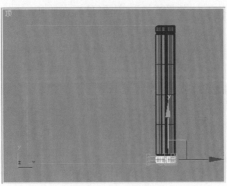

图6-60 复制床头

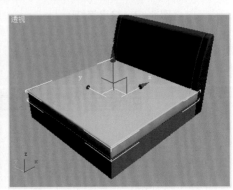

图6-61 床垫

（8）执行【创建】→【几何体】→【标准基本体】→【长方体】命令，在顶视图中创建长方体，大小自定，命名为"地毯"，如图 6-62 所示。

（9）制作枕头。执行【创建】→【几何体】→【标准基本体】命令，在左视图中创建一个长方体，在【修改】面板中将参数修改为【长度】500mm，【宽度】700mm，【高度】20mm，并命名为"枕头"，如图 6-63 所示。

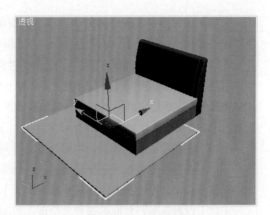

图 6-62　创建地毯

（10）选择枕头，在左视图中单击鼠标右键，选择【转换为】→【转换为可编辑多边形】命令，在【修改】面板中选择【边】子对象模式，利用【窗口/交叉】工具里的【交叉】选项在视图中选择横向的线段，然后单击鼠标右键，在快捷菜单中选择【连接】选项旁边的黑色按钮，在视图中修改【分段】参数为 4，然后单击【确定】按钮，如图 6-64 所示。

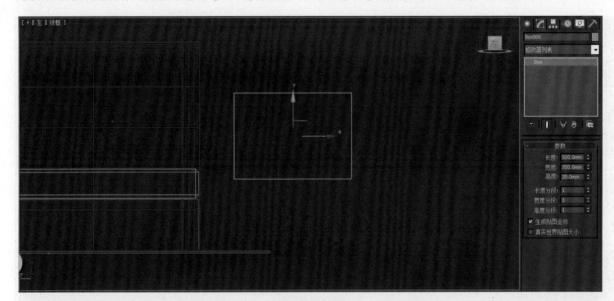

图 6-63　枕头

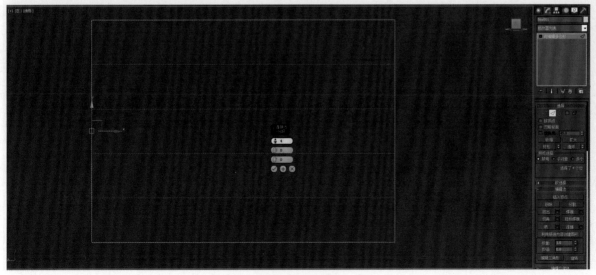

图 6-64　连接

（11）在视图中选择竖向的边，然后单击鼠标右键，在快捷菜单中选择【连接】选项左边的黑色按钮，在视图中修改【分段】参数为4，然后单击【确定】按钮，如图6-65所示。

（12）在【修改】面板中选择【点】子对象，然后在左视图中框选4个角度的点，然后在顶视图中利用【缩放】工具沿【X】轴缩放，如图6-66所示。

（13）在左视图中利用框选的方式选择枕头中间的所有【点】对象，然后在顶视图中利用【缩放】工具沿【X】轴缩放，如图6-67所示。

（14）在顶视图中选择两边中间的点，用同样的方法进行缩放，如图6-68所示。

（15）在左视图中依次选择角上的点，然后对齐位置进行调整，如图6-69所示。

（16）在【修改】列表中选择【网格平滑】工具，如图6-70所示。

（17）对枕头进行复制并调整其位置，如图6-71所示。

（18）创建床单。执行【创建】→【几何体】→【标准基本体】→【平面】命令，在顶视图中创建一个平面，在【修改】面板中设置【长度分段】为40，【宽度分段】为40，命名为"床单"，并调整使其位置在床垫之上，然后在【修改】列表中选择【布料】修改器，弹出【对象属性】对话框，如图6-72所示。

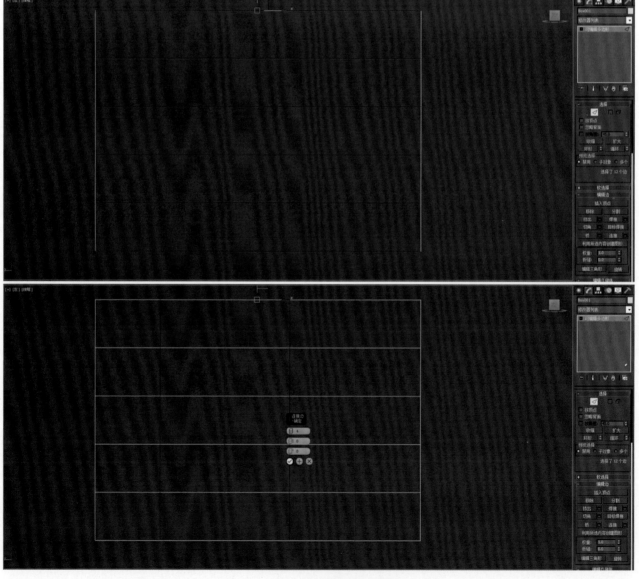

图6-65　分段

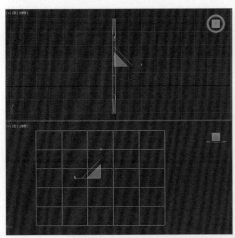

图 6-66　缩放（1）

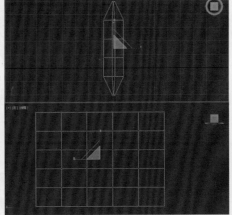

图 6-67　缩放（2）

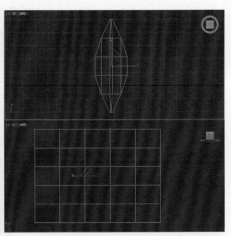

图 6-68　缩放效果

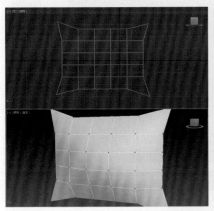

图 6-69　移动点

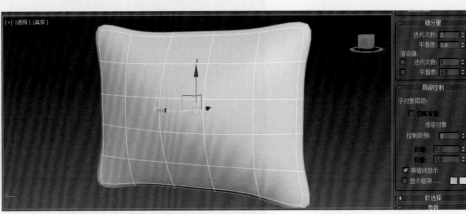

图 6-70　网格平滑

图 6-71　枕头效果

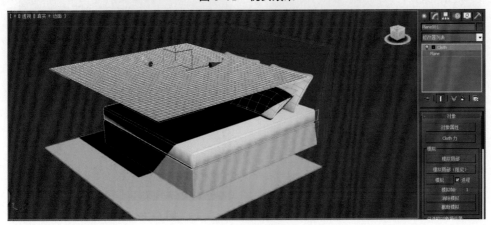

图 6-72　床单

（19）单击【对象】卷展栏中的【对象属性】按钮，弹出【对象属性】对话框，在对话框中单击【添加对象】按钮，在对话框中单击"床板""床垫""床头 1""床头 2""床头 3""地毯""枕头 1""枕头 2""枕头 3""枕头 4"，单击【添加】按钮，如图 6-73 所示。

（20）在【对象属性】对话框中选择刚刚添加进来的模型，然后选择【冲突对象】选项，如图 6-74 所示。

（21）在【对象属性】对话框中选择【plane001】模型，然后选择【Cloth】选项，在预设类型里选择【Cotton】选项，单击【确定】按钮关闭对话框，如图 6-75 所示。

图 6-73 【对象属性】对话框

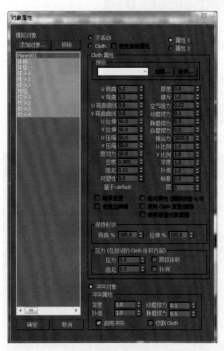

图 6-74 添加对象

图 6-75 Cloth 属性

（22）单击【修改】面板→【对象】卷展栏里的【模拟】按钮，弹出【Cloth】对话框，可以看到视图中出现床单下落的动作，床单呈现理想状态时单击【Cloth】对话框中的【取消】按钮，效果如图 6-76 所示。

（23）利用缩放工具调整床单与床的状态，选择床单单击鼠标右键，选择【转换为】→【转换为可编辑多边形】命令，效果如图 6-77 所示。

（24）保存文件为"床.max"。

6.2.2　床头柜的制作

（1）执行【文件】→【重置】命令，在弹出的对话框中单击【保存】按钮，系统被重置，执行【自定义】→【单位设置】命令，弹出【单位设置】对话框，选中【公制】单选项，选择下拉列表中的【毫米】选项，再单击【系统单位设置】按钮，弹出【系统单位设置】对话框，在该对话框中的下拉列表中选择【毫米】选项，单击【OK】按钮。

（2）执行【创建】→【几何体】→【长方体】命令，在顶视图中创建长方体，在【修改】面板中修改参数为【长度】500mm，【宽度】700mm，【高度】25mm，长、宽、高的分段均为1，命名为"隔板"，如图 6-78 所示。

（3）执行【创建】→【几何体】→【长方体】命令，在顶视图中创建一个新的长方体，在【参数】面板中修改【长度】为 500mm，【高度】为 300mm，【宽度】为 25mm，命名为"隔板2"，利用捕捉工具移动到相应位置，效果如图 6-79 所示。

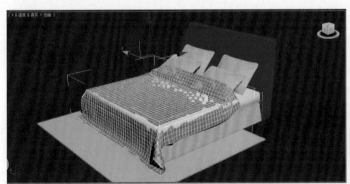

图 6-76　Cloth 模拟效果

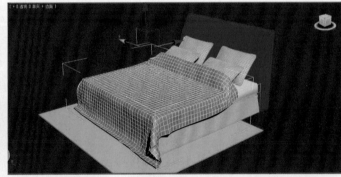

图 6-77　床单效果

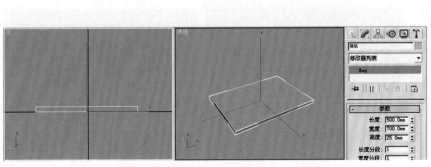

图 6-78　创建隔板

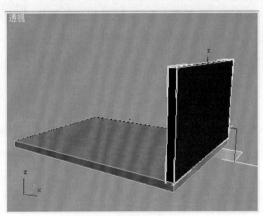

图 6-79　创建"隔板 2"

（4）运用"Ctrl+C"和"Ctrl+V"组合键复制一个"隔板2"，利用捕捉工具将其移动到相应位置，如图6-80所示。

（5）选择物体"隔板"，配合Shift键和移动工具在物体上方复制一个，并在【修改】面板中修改参数，【长度】为500mm，【高度】为300mm，【宽度】为160mm，将其移动到适当的位置，如图6-81所示。

（6）重新选择物体"隔板"，配合按Shift键和移动工具在物体上方复制一个，将捕捉工具和移动工具配合使用将其移动到上方，重新命名为"桌面"，如图6-82所示。

（7）执行【创建】→【几何体】→【长方体】命令，在前视图中创建一个长方体，在【修改】面板中修改参数为【长度】300mm，【宽度】650mm，【高度】20mm，命名为"后板"，如图6-83所示。

（8）执行【创建】→【图形】→【线】命令，在顶视图中按住Shift键创建一条样条线，如图6-84所示。

（9）在样条线上单击鼠标右键并执行【转换为】→【转换为可编辑样条线】命令，选择【顶点】子物体级别，在【几何体】卷展栏中单击【圆角】按钮，在视图中选择两个直角点，单击并拖动鼠标将直角变为圆角，如图6-85所示。

（10）执行【创建】→【图形】→【矩形】命令，在顶视图中创建圆角矩形，在【修改】面板中修改参数为【长度】10mm，【宽度】6mm，【圆角】1mm，命名为"把手"，如图6-86所示。

（11）选择把手，执行【创建】→【几何体】→【复合对象】→【放样】命令，在【创建方法】卷展栏中单击【获取图形】按钮，得到图6-87所示的模型，将其移动到相应位置。

（12）在桌面上单击鼠标右键，执行【转换为】→【转换为可编辑网格】命令，在【编辑几何体】卷展栏中单击【附加】按钮，依次单击除把手以外的物体，将其附加在一起，效果如图6-88所示。

（13）执行【文件】→【保存】命令，保存文件为"床头柜.max"。

6.2.3 五梯柜的制作

（1）重置系统并设置单位为【毫米】。

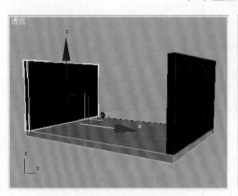

图 6-80 复制"隔板2"

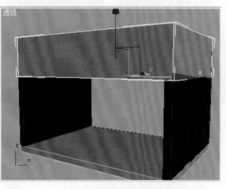

图 6-81 复制并移动隔板

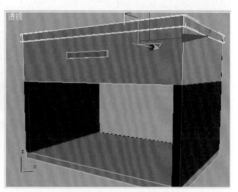

图 6-82 床头柜桌面

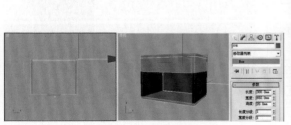

图 6-83 后板

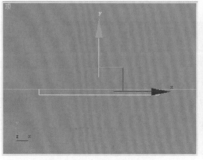

图 6-84 创建样条线

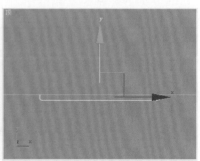

图 6-85 圆角

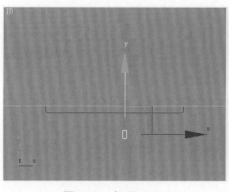

图 6-86 把手（1）

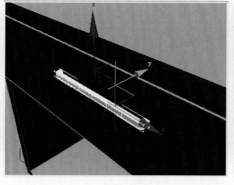

图 6-87 放样

图 6-88 床头柜效果

（2）执行【创建】→【几何体】→【长方体】命令，在顶视图中创建长方体，在【修改】面板中修改参数为【长度】500mm，【宽度】900mm，【高度】30mm，长、宽、高的分段均为1，命名为"五梯柜"，如图 6-89 所示。

（3）在五梯柜上单击鼠标右键，从弹出的快捷菜单中选择【移动】命令，按住 Shift 键移动物体，在适当的位置释放鼠标，在【克隆选项】对话框中设置【对象】为【复制】，在【副本数】处输入"2"，系统自动命名为"五梯柜 01""五梯柜 02"，如图 6-90 所示。

（4）将中间模型"五梯柜 01"的参数修改为【长度】500mm，【宽度】900mm，【高度】160mm，移动到相应位置，如图 6-91 所示。

（5）选择"五梯柜 01"，配合 Shift 键和移动工具移动物体，在两个物体错开一定距离的情况下释放鼠标，在【克隆选项】对话框中【对象】为【复制】，将【副本数】设置为4，单击【确定】按钮，调整其位置，排列的效果如图 6-92 所示。

（6）执行【创建】→【图形】→【线】命令，配合 Shift 键在顶视图中绘制图 6-93 所示的样条线，并将其命名为"把手"。

（7）打开【修改】面板，选择【顶点】子物体级别，选择两个角点后单击【几何体】卷展栏中的【圆角】命令，单击并拖动鼠标使直角变成圆角，效果如图 6-94 所示。

（8）执行【创建】→【图形】→【矩形】命令，在顶视图中绘制矩形，设置【长度】为15mm，【宽度】为10mm，【角半径】为4mm，将其命名为"把手截面"，如图 6-95 所示。

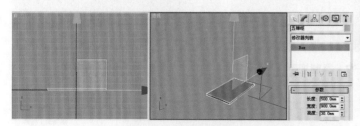

图 6-89 创建五梯柜

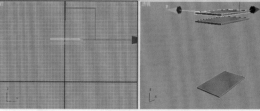

图 6-90 复制五梯柜

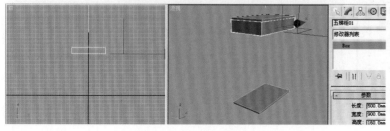

图 6-91 参数设置

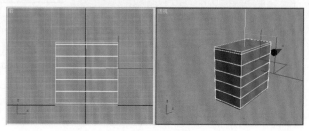

图 6-92 复制

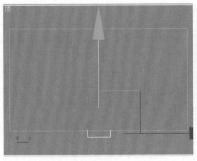

图 6-93　把手（2）

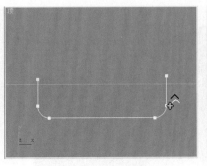

图 6-94　直角变成圆角

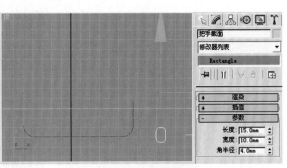

图 6-95　把手截面

（9）选择把手，执行【创建】→【几何体】→【复合对象】→【放样】命令，在【创建方法】卷展栏中单击【获取图形】按钮，选择视图中的把手截面，如图 6-96 所示。

（10）按住 Shift 键运用移动工具对把手进行复制，效果如图 6-97 所示。

（11）执行【创建】→【几何体】→【长方体】命令，在视图中创建长方体，在【修改】面板中修改参数为【长度】880mm、【宽度】500mm、【高度】40mm，并向右复制一个，效果如图 6-98 所示。

（12）选择五梯柜，在物体上单击鼠标右键，执行【转换为】→【转换为可编辑网格】命令，运用【编辑几何体】卷展栏中的【附加】按钮依次单击除把手以外要附加的物体，将物体附加在一起，效果如图 6-99 所示。

（13）选择一个把手，在其上单击鼠标右键，执行【转换为】→【转换为可编辑网格】命令，单击【编辑几何体】卷展栏中的【附加】按钮，再依次单击其他把手，将把手附加为一个整体，如图 6-100 所示。

（14）执行【文件】→【保存】命令，将文件保存为"五梯柜 .max"。

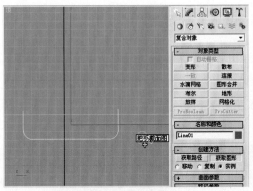

图 6-96　获取图形

图 6-97　复制把手

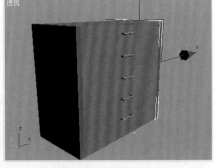

图 6-98　创建长方体

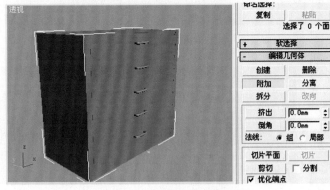

图 6-99　附加在一起的效果

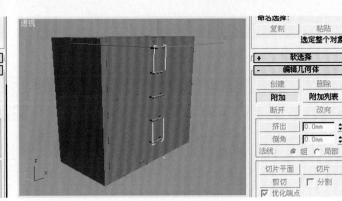

图 6-100　附加

6.2.4　画框的制作

（1）执行【创建】→【图形】→【矩形】命令，在前视图中单击并拖动鼠标创建矩形，设置【长度】700mm，【宽度】480mm，【角半径】0，效果如图 6-101 所示。

（2）执行【创建】→【图形】→【线】命令，配合 Shift 键在视图中创建样条线，如图 6-102 所示。

（3）在修改器堆栈中选择【顶点】子物体级别，单击【几何体】卷展栏中的【圆角】按钮选择直角点，在顶点上利用单击并拖动鼠标的方式将直角调整为圆角，效果如图 6-103 所示。

（4）单击【层级】面板中的【仅影响轴】按钮，运用移动工具移动图标，如图 6-104 所示。

（5）选择画框，执行【创建】→【几何体】→【复合对象】→【放样】命令，在【创建方法】卷展栏中单击【获取图形】按钮，单击【画框截面图】按钮，在视图中出现放样后的物体，如图 6-105 所示。

（6）执行【创建】→【几何体】→【平面】命令，在前视图中单击并拖动鼠标创建平面，并利用【捕捉开关】命令调整其位置，命名为"画布"，如图 6-106 所示。

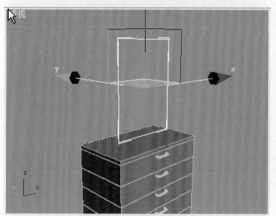

图 6-101　画框图形

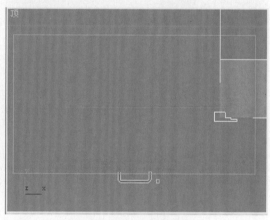

图 6-102　创建样条线

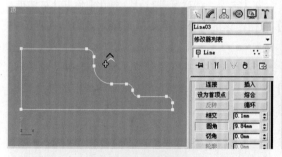

图 6-103　修改圆角

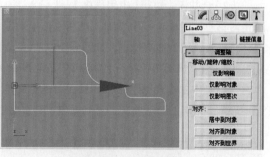

图 6-104　调整轴向

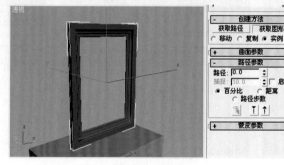

图 6-105　放样

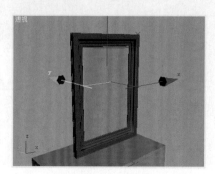

图 6-106　画布

（7）选择画框和画布，单击鼠标右键，从弹出的快捷菜单中选择【旋转】工具，将画框和画布进行旋转，效果如图 6-107 所示。

（8）执行【文件】→【保存】命令保存文件。

（9）赋予材质后的效果如图 6-108 所示。

图 6-107　调整位置

图 6-108　赋予材质后的效果

6.3　合并室内家具

（1）打开前面保存的文件"房间轮廓.max"。

（2）合并床。执行【应用程序】→【导入】→【合并】命令，选择床并打开，弹出【合并】对话框，单击对话框中的【全部】按钮，然后单击【确定】按钮，这时可以看到组成模型床的物体在视图中显示，将其调整到适当位置，如图 6-109 所示。

（3）合并床头柜。执行【文件】→【合并】命令，选择床头柜并打开，可以看到【合并】对话框，单击对话框中的【全部】按钮，然后单击【确定】按钮，这时可以看到组成模型床头柜的物体在视图中显示，复制一个并将其调整到适当位置，如图 6-110 所示。

图 6-109　合并床

图 6-110　合并床头柜

（4）合并台灯。执行【应用程序】→【导入】→【合并】命令，选择台灯并打开，可以看到【合并】对话框，单击对话框中的【全部】按钮，然后单击【确定】按钮，这时可以看到组成台灯模型的物体已经在视图中显示，将其调整到适当位置，如图6-111所示。

（5）合并五梯柜和画框。执行【应用程序】→【导入】→【合并】命令，选择五梯柜并打开，可以看到【合并】对话框，单击对话框中的【全部】按钮，然后单击【确定】按钮，这时可以看到五梯柜和画框已经在视图中显示，将其调整到适当位置，如图6-112所示。

（6）合并书。执行【应用程序】→【导入】→【合并】命令，选择书并打开，可以看到【合并】对话框，单击对话框中的【全部】按钮，然后单击【确定】按钮，这时可以看到书的模型已经在视图中显示，调整到适当位置，如图6-113所示。

图6-111　合并台灯　　　　　图6-112　合并五梯柜和画框　　　　　图6-113　合并书

6.4　设置摄像机

（1）执行【创建】→【摄像机】→【目标】命令，在顶视图中单击并拖动鼠标创建摄像机，在前视图中将摄像机向上移动，并在【修改】面板中设置【镜头】为28，如图6-114所示。

（2）摄像机视图效果如图6-115所示。

（3）按"Ctrl+S"组合键保存文件。

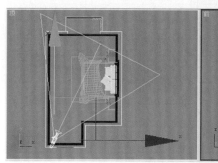
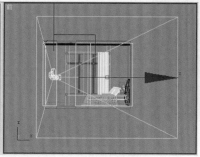

图6-114　设置摄像机　　　　　　　　　图6-115　摄像机视图效果

6.5　材质的制作

6.5.1　为墙面赋予材质

（1）在视图中选择"墙面"模型，在主工具栏中单击【材质编辑器】按钮，在弹出的对话框中选择一个空白的材质球，单击按钮赋予"墙面"，并修改其名字为"墙面"，然后单击【标准】按钮，在弹出的【材质/贴图浏览器】对话框中选择【建筑】材质，如图6-116所示。

注意：可以通过M键来开关【材质编辑器】对话框。

（2）在【建筑】材质中设置材质【模板】为【理想的漫反射】类型，然后单击【漫反射颜色】旁边的色框，修改色值【红】为240、【绿】为230、【蓝】为215，单击【确定】按钮，修改【高级照明覆盖】卷展栏中【颜色溢出比例】为100，单击【将材质指定给选定对象】按钮将材质赋予物体，如图6-117所示。

（3）将这个材质球同时赋予窗台、窗台顶，效果如图6-118所示。

（4）在【材质编辑器】中选择一个新的材质球，命名为"装饰墙"，然后单击【标准】按钮，在弹出的【材质类型】对话框中选择【建筑】材质，并设置材质【模板】为【理想的漫反射】类型，然后单击【漫反射颜色】旁边的色框，修改色值【红】为126、【绿】为95、【蓝】为69，单击【确定】按钮。通过单击【将材质指定给选定对象】按钮将材质赋予装饰墙。

在【材质编辑器】中选择一个新的材质球，命名为"墙角线"，然后单击【标准】按钮，在弹出的【材质类型】对话框中选择【建筑】材质，并设置材质【模板】为【理想的漫反射】类型，然后单击【漫反射颜色】旁边的色框，调整颜色为白色，单击【确定】按钮。通过【将材质指定给选定对象】按钮将材质赋予墙角线和顶面，效果如图6-119所示。

（5）按"Ctrl+S"组合键保存文件。

图6-116　【材质/贴图浏览器】

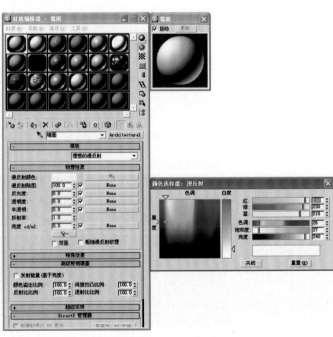

图6-117　赋予材质

6.5.2　为地面赋予材质

（1）选择一个空白材质球，命名为"地面"，然后单击【标准】按钮，在弹出的【材质类型】对话框中选择【建筑】材质，并设置材质【模板】为【油漆光泽的木材】，然后单击【漫反射贴图】旁边【none】按钮，在【材质 / 贴图浏览器】中选择【位图】选项，在【选择位图图像文件】对话框中选择素材网站中提供的贴图"木纹 .jpg"，单击【显示材质】按钮后单击【转到父对象】按钮，设置【高级照明覆盖】卷展栏中的【颜色溢出比例】为 3，将它赋予地面，效果如图 6-120 所示。

（2）从图 6-120 中可以看到地面材质贴图过大，所以单击"地面"物体，在【修改】面板的【修改器列表】的下拉列表中选择【UVW 贴图】命令，在【参数】卷展栏中设置【贴图】为【长方体】，【长度】为 6 100mm，【宽度】为 4 000mm，【高度】为 100mm，并单击【材质编辑器】中【漫反射贴图】旁边的按钮进入【坐标】卷展栏，通过参数调节其大小，调整平铺值【U】为 3.5，【V】为 4，如图 6-121 所示。

（3）单击【将材质指定给选定对象】按钮将此材质同时赋予踢脚线，可以看到它的 UVW 数值也是错误的，在【修改器列表】的下拉列表中选择【UVW 贴图】修改器，在【参数】卷展栏中设定【贴图】为【长方体】。通过参数项调整其大小：【长度】为 6 000mm，【宽度】为 4 000mm，【高度】为 100mm，效果如图 6-122 所示。

6.5.3　为窗框赋予材质

选择组成窗框的物体，赋予一个空白的材质球，命名为"窗框"，将其【材质类型】改为【建筑】，并设置材质【模板】为【理想的漫反射】类型，将【漫反射颜色】改为灰色，效果如图 6-123 所示。

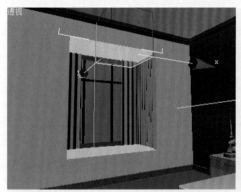

图 6-118　为窗台、窗台顶赋予材质

图 6-119　墙面材质

图 6-120　地面材质

图 6-121　平铺参数的设定

图 6-122　踢脚线材质

图 6-123　窗框效果

6.5.4 为窗帘赋予材质

选择一个空白材质球，命名为"窗帘"，将其【材质类型】改为【建筑】，并设置材质【模板】为【纺织品】类型，然后单击【透明度】旁边的【none】按钮，在弹出的窗口中选择窗纱贴图，将它赋予窗帘，效果如图 6-124 所示。

6.5.5 为玻璃赋予材质

选择物体"玻璃"，赋予一个空白材质球，单击【将材质指定给选定对象】按钮，命名为"玻璃"，将其【材质类型】改为【建筑】，并设置材质【模板】为【玻璃——半透明】类型，将【漫反射颜色】改为白色，效果如图 6-125 所示。

6.5.6 为床头柜赋予材质

（1）选择一个空白材质球，命名为"床头柜"，将其【材质类型】改为【建筑】，设置材质【模板】为【油漆光泽的木材】类型，然后单击【漫反射贴图】旁边的【none】按钮，在【材质 / 贴图浏览器】中选择【位图】选项，在【选择位图图像文件】对话框中选择素材网站中的贴图文件"F06.jpg"，设置【高级照明覆盖】卷展栏中的【颜色溢出比例】为 3，单击【将材质指定给选定对象】按钮将它赋予床头柜，单击【在视口中显示贴图】按钮，如图 6-126 所示。

（2）选择一个空白材质球，命名为"床头柜把手"，将其【材质类型】改为【建筑】，设置材质【模板】为【金属——擦亮的】类型，将它赋予床头柜把手，效果如图 6-127 所示。

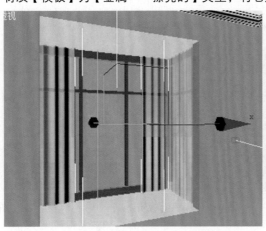

图 6-124 窗帘材质

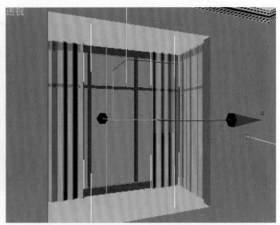

图 6-125 玻璃材质

图 6-126 床头柜材质

图 6-127 床头柜把手材质

6.5.7　为卧室床赋予材质

（1）选择"床头 01""床头 02""床板"，单击【将材质指定给选定对象】按钮将踢脚线的材质赋予"床头01""床头 02""床板"，效果如图 6-128 所示。

（2）选择床单，赋予它一个新的材质球，命名为"床单"，然后单击【标准】按钮，在弹出的【材质类型】对话框中选择【建筑】材质类型，设置材质【模板】为【纺织品】类型，在【漫反射贴图】旁的空白按钮处单击，选择【位图】选项，找到素材网站内的贴图文件"床单纹理 .bmp"，并调整【高级照明覆盖】卷展栏中的【颜色溢出比例】为 10，效果如图 6-129 所示。

图 6-128　卧室床材质

（3）选择一个新的材质球赋给床头，然后单击【标准】按钮，在弹出的【材质类型】对话框中选择【建筑】材质类型，设置材质【模板】为【塑料】类型，单击【漫反射颜色】旁边的色框，在色框中设置【红】为 251，【绿】为 224，【蓝】为 192，单击【特殊效果】卷展栏中【凹凸】旁边的空白按钮，在【材质/贴图浏览器】中选择【位图】选项，在【选择位图图像文件】对话框中选择素材网站中的贴图文件"床头 .jpg"，单击【在视口中显示贴图】按钮，设置【坐标】卷展栏中【平铺】选项组中的【U】为 3，【V】为 3，如图 6-130 所示。

（4）选择枕头、床垫，单击【将材质指定给选定对象】按钮将床单材质赋给枕头、床垫，并修改枕头的【UVW 贴图】为【长方体】，设置【长度】为 2 000mm，【宽度】为 600mm，【高度】为 600mm，参数设置如图 6-131 所示。

（5）用同样的方法将枕套的材质赋给其他枕头，效果如图 6-132 所示。

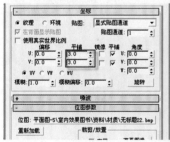

图 6-129　床单材质　　　　　　　　　　　　　　　　图 6-130　参数调整

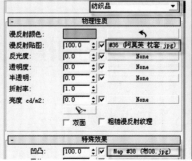

图 6-131　参数设置　　　　　　　　　　　　　　　　图 6-132　枕头材质

6.5.8 为五梯柜赋予材质

（1）选择一个新的材质球，命名为"五梯柜"，单击【将材质指定给选定对象】按钮，将材质赋给模型"五梯柜"，然后单击【标准】按钮，在弹出的【材质类型】对话框中选择【建筑】材质，并设置材质【模板】为【油漆光泽的木材】类型，然后单击【漫反射贴图】旁边的【none】按钮，在【材质/贴图浏览器】中选择【位图】选项，在【选择位图图像文件】对话框中选择素材网站中提供的图片文件"F69.jpg"，在出现的窗口中单击【在视口中显示贴图】按钮，然后单击【转到父对象】按钮，在【高级照明覆盖】卷展栏中设置【颜色溢出比例】为10，效果如图6-133所示。

（2）单击【将材质指定给选定对象】按钮，将"床头01"的材质赋给画框，然后选择一个空白材质球，单击【将材质指定给选定对象】按钮，将材质赋给画布，单击【漫反射贴图】旁边的【none】按钮，在【材质/贴图浏览器】中选择【位图】选项，在【选择位图图像文件】对话框中选择素材网站中提供的图片文件"117-g.jpg"，单击打开，在出现的窗口中单击【在视口中显示贴图】按钮，然后单击【转到父对象】按钮，效果如图6-134所示。

（3）再次选择一个空白材质球，单击【将材质指定给选定对象】按钮，将材质赋予地毯，并修改其名字为"墙面"，然后单击【标准】按钮，在弹出的【材质类型】对话框中选择【建筑】材质，设置材质【模板】为【纺织品】类型，单击【漫反射贴图】旁边的【none】按钮，在【材质/贴图浏览器】中选择【位图】选项，在【选择位图图像文件】对话框中选择素材网站中提供的图片文件"CYB地毯.jpg"，单击打开，然后单击【转到父对象】按钮，在【高级照明覆盖】卷展栏中设置【颜色溢出比例】为10，效果如图6-135所示。

（4）按"Ctrl+S"组合键保存文件。

图6-133 五梯柜材质　　　　　图6-134 画布材质　　　　　图6-135 地毯材质

6.6 ● 灯光的制作

6.6.1 室内点光源

（1）打开【创建】面板，单击【灯光】按钮，在【标准】下拉列表中选择【光度学】命令，单击【目标灯光】按钮，在前视图房间内单击并拖动鼠标建立目标灯光，如图6-136所示。

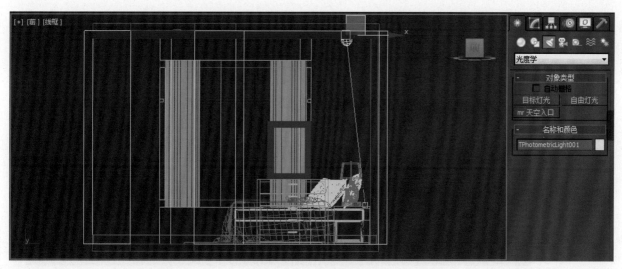

图 6-136　目标灯光

（2）在【修改】面板中设置目标点光源参数，在【常规参数】卷展栏中的【阴影】选项组中选中【启用】复选框，并在下拉列表中选择【高级光线跟踪】命令，在【灯光分布（类型）】下拉列表中选择【光度学 web】选项，在【分布（光度学 web）】卷展栏中单击【选择光度学文件】按钮，在【打开光域 web 文件】对话框中找到本书素材网站的光域网文件"SD-051.IES"，在【强度 / 颜色 / 衰减】卷展栏中设置强度为 1 000lm，在【阴影贴图参数】卷展栏中设置【采样范围】为 10，如图 6-137 所示。

（3）选择刚刚制作的灯光，按住 Shift 键配合移动工具复制灯光，并利用移动工具调整其位置，其在顶视图中的效果如图 6-138 所示。

6.6.2　创建日光灯

（1）打开【创建】面板，单击【系统】按钮，单击【对象类型】→【日光】按钮，随即出现【创建日光系统】对话框，单击【是】按钮，在顶视图中单击并拖动鼠标创建日光灯，如图 6-139 所示。

（2）在【修改】面板中选择【控制参数】→【手动】选项，然后运用移动工具在 4 个视图中调整灯光照射的方向，效果如图 6-140 所示。

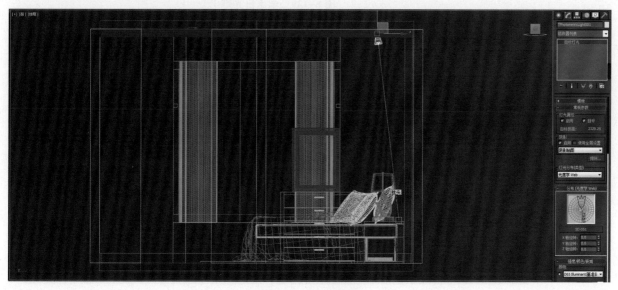

图 6-137　调整参数

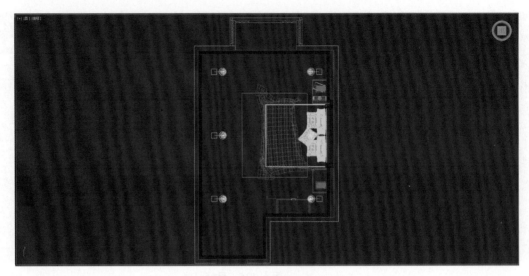

图 6-138 调整位置

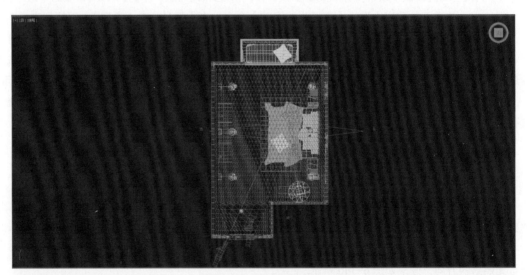

图 6-139 创建日光灯

图 6-140 调整灯光照射的方向

（3）选择创建的日光，在【修改】面板中设置 IES 阳光的参数，在【日光参数】卷展栏中的下拉列表中选择【IES 太阳光】选项，勾选【阴影】选项组中的【启用】复选框，选择【阴影】→【光线追踪阴影】选项，并单击【排除】按钮，在【排除／包含】对话框中选择【玻璃】选项，单击向右的箭头将它放到右边，如图 6-141 所示。

（4）切换至摄像机视图，在主工具栏中单击【快速渲染】按钮，渲染 IES 阳光产生的效果如图 6-142 所示。

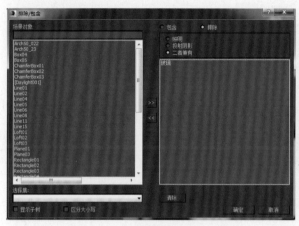

图 6-141　【排除／包含】对话框

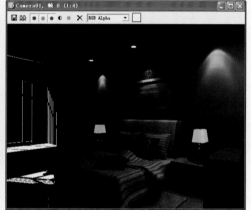

图 6-142　渲染效果

本章小结

通过本章的学习，学习者应当对室内效果图的制作思路有比较详细的了解。在学习过程中，学习者不要过分拘泥于具体的参数设置，应当试图理解其中的原理，并在以后的训练中运用这些原理解决问题，举一反三。

思考与实训

一、思考题

卧室效果图的特征是什么？

二、实训题

试进行卧室灯光效果图表现。

第七章 | 办公室效果图表现

知识目标

　　熟悉冷色调空间的气氛营造和材质表现。

能力目标

　　掌握办公室效果图表现的要点，对冷、暖光源的设定有一定的了解。

7.1　灯光的制作

7.1.1　设定主光源

　　（1）调入已建好的模型文件"办公室场景文件素模 .max"，如图 7-1 所示。

　　（2）在【创建】面板里选择【灯光】面板，在【灯光类型】下拉列表中选择【标准灯光】选项；在标准灯光面板里选择【目标平行光】选项（图 7-2）；在窗口位置拉出灯光范围，调整灯光位置到窗口外，并参照图 7-3 设置灯光的参数。

　　（3）继续创建 1 个泛光灯光并复制几个，移动到图 7-4 所示位置，并参照图 7-5 设置灯光的参数。

　　（4）打开【材质】面板，调节第一个材质球为浅灰色，用它替代整个场景的材质，作为测试材质，选中全场景模型，将材质指定给全部场景模型，如图 7-6 所示。

　　（5）隐藏窗户玻璃，测试渲染（图 7-7），观察场景光线明暗是否合适，查看哪些地方需要加辅助光源。

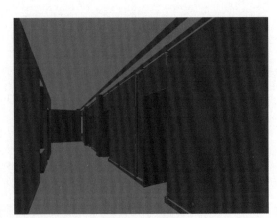

图 7-1　素模

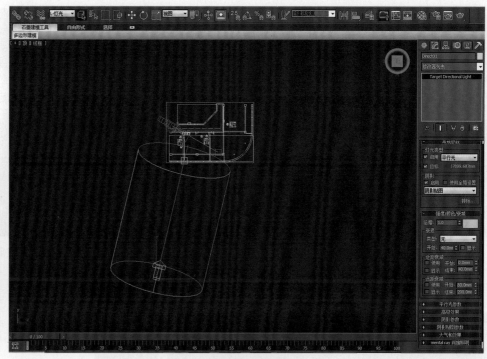

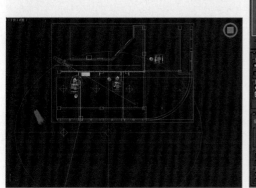

图 7-2　标准灯光　　　　　　　　　　　　　　　　　图 7-3　主灯

图 7-4　环境光　　　　图 7-5　泛光　图 7-6　将材质指定给　　　　图 7-7　初步灯光效果
　　　　　　　　　　　灯参数设置　　　全部场景模型

7.1.2　辅助光设置

在【创建】面板里选择【灯光】面板，在【灯光类型】下拉列表中选择【标准灯光】选项，在【标准灯光】面板中选择【目标聚光灯】选项，创建一个目标聚光灯，调整灯光位置，并参照图 7-8 设置灯光的参数，然后复制几个自由灯光到相应位置，如图 7-9 所示。

7.1.3　添加上方灯光光源

（1）在图 7-10 所示位置创建泛光灯，并参照图 7-11 设置灯光的参数。

（2）在图 7-12 所示位置创建泛光灯，并参照图 7-13 设置灯光的参数。

（3）最终渲染效果如图 7-14 所示。

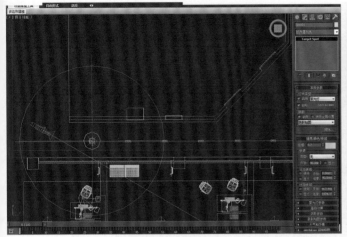

图 7-8 走廊灯光

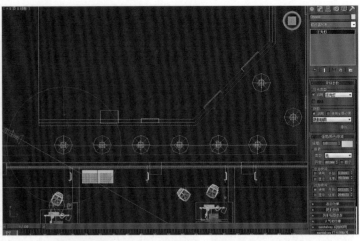

图 7-9 复制走廊灯光

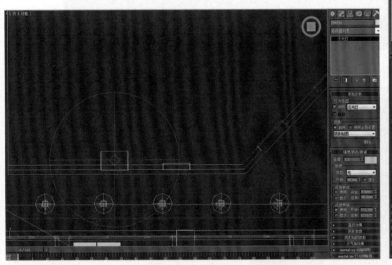

图 7-10 壁灯

图 7-11 灯
光参数设置

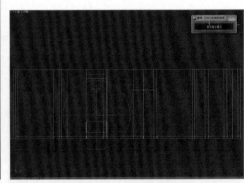

图 7-12 壁灯复制

图 7-13 壁
灯参数

图 7-14 灯光效果

7.2 材质的制作

（1）墙体材质参数设置如图 7-15 所示。

（2）玻璃材质参数设置如图 7-16 所示。

（3）地面材质参数设置如图 7-17 所示。

（4）灯材质参数设置如图 7-18 所示。

（5）地毯材质参数设置如图 7-19 所示。

（6）金属材质参数设置如图 7-20 所示。

（7）黑铁材质参数设置如图 7-21 所示。

（8）椅子材质参数设置如图 7-22 所示。

（9）最终渲染参数后，效果如图 7-23 所示。

图 7-15 墙体材质参数设置

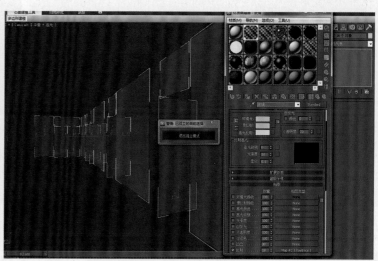

图 7-16 玻璃材质参数设置

图 7-17 地面材质参数设置

图 7-18 灯材质参数设置

图 7-19　地毯材质参数设置

图 7-20　金属材质参数设置

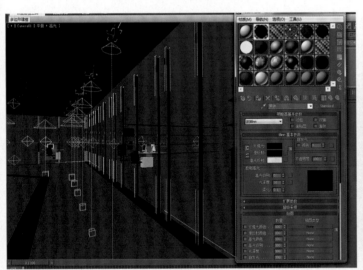

图 7-21　黑铁材质参数设置

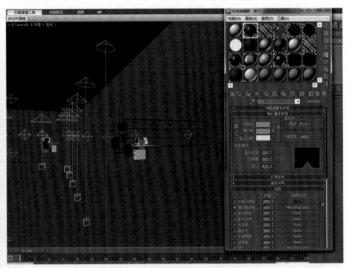

图 7-22　椅子材质参数设置

图 7-23 整体效果

◎ 本章小结

在办公室效果图制作过程中,营造气氛最为重要,其中玻璃、不锈钢金属的场景表现技巧是本章的重点。

◎ 思考与实训

一、思考题

办公室效果图的特征是什么?

二、实训题

试进行办公室效果图表现。

第八章 | 酒吧效果图表现

8.1 ● 灯光的制作

8.1.1 设定主光源

因为本范例没有日光照明，所以主光就是顶面的灯，首先按照顶面上的灯位布置来摆放灯。

（1）调入已建好的模型文件"酒吧场景文件素模 .max"，如图 8-1 所示。

（2）在【创建】面板里选择【灯光】面板，在【灯光类型】下拉列表中选择【标准灯光】选项；在【标准灯光】面板里选择【目标聚光灯】选项，创建一个目标灯光，关联复制几个灯光到相应位置，如图 8-2 所示，并参照图 8-3 设置灯光的参数。

【作品欣赏】优秀效果图作品赏析

图 8-1　素模

（3）继续创建一个泛光灯，并参照图 8-4 设置灯光的参数，复制移动到相应位置，如图 8-5 所示。

（4）继续创建一个泛光灯，并复制几个移动到图 8-6 所示位置，并参照图 8-7 设置灯光的参数。

（5）测试渲染，如图 8-8 所示。

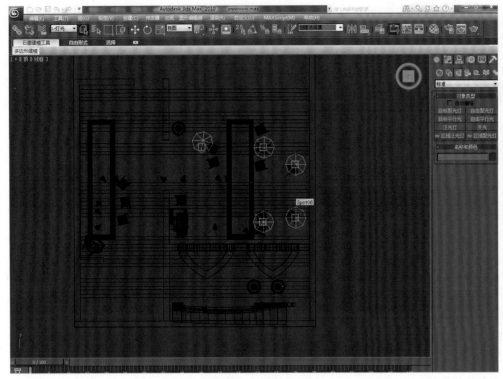

图 8-2 聚光灯

图 8-3 聚光灯 图 8-4 泛光灯参
参数 数

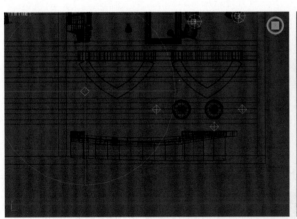

图 8-5 灯位置（1）

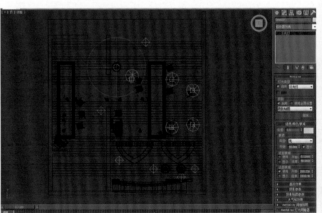

图 8-6 灯位置（2）

图 8-7 参
数设置（1）

图 8-8 整体效果

8.1.2 辅助光设置

（1）在【创建】面板中选择【灯光】面板，在【灯光类型】下拉列表中选择【目标聚光灯】选项；在图 8-9 所示处创建一个目标聚光灯，作为场景补光，并参照图 8-10 设置灯光的参数。

（2）继续在图 8-11 所示处创建一个目标聚光灯，作为漫反射灯，并参照图 8-12 设置灯光的参数。

（3）打开【材质】面板，选择泛光灯，如图 8-13 所示，参数如图 8-14 所示。

（4）最终渲染效果如图 8-15 所示。

图 8-9　灯位置（3）　　　图 8-10　参数设置（2）　　　图 8-11　灯位置（4）　　　图 8-12　参数设置（3）

图 8-13　灯位置（5）　　　图 8-14　参数设置（4）　　　图 8-15　整体效果

8.2 材质的制作

（1）木纹参数设置如图 8-16 所示。

（2）布参数设置如图 8-17 所示。

（3）砖墙参数设置如图 8-18 所示。

（4）铁参数设置如图 8-19 所示。

（5）屋顶参数设置如图 8-20 所示。

（6）木椅参数设置如图 8-21 所示。

图 8-16 木纹参数设置

图 8-17 布参数设置

图 8-18 砖墙参数设置

图 8-19 铁参数设置

图 8-20 屋顶参数设置

图 8-21 木椅参数设置

（7）装饰参数设置如图 8-22 所示。

（8）灯参数设置如图 8-23 所示。

（9）最终效果如图 8-24 所示。

图 8-22　装饰参数设置

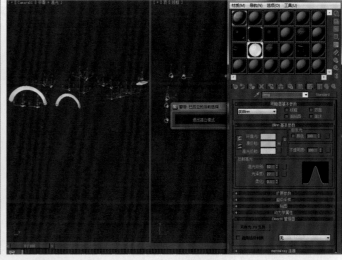

图 8-23　灯参数设置

图 8-24　最终效果

本章小结

　　用面光源模拟天空光是室内效果图制作中常用的手段之一，通过反复调试，使场景的明暗和气氛达到最合理的程度是本章的重点。

思考与实训

一、思考题

酒吧效果图的特征是什么？

二、实训题

试进行酒吧效果图表现。

第九章 书房黄昏效果图表现

知识目标

熟悉书房的气氛营造和材质表现。

能力目标

掌握书房黄昏效果图表现的要点,对主、次光源的设定有一定的了解。

9.1 灯光的制作

9.1.1 设定主光源

因为本范例中室内光源为主光源,所以主光就是顶面的 V-Ray 灯光,首先按照顶面上的 V-Ray 灯光来布置。

(1)调入已建好的模型文件"书房场景文件素模 .max",如图 9-1 所示。

(2)在【创建】面板中选择【灯光】面板,在【灯光类型】下拉列表中选择【V-Ray 灯光】选项,在【V-Ray】面板中选择【V-Ray 灯光】选项。在图 9-2 处创建一个 V-Ray 灯光,作为场景补光,并参照图 9-3 设置灯光的参数。

图 9-1 素模

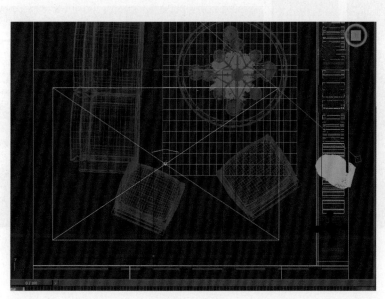

图 9-2　主灯　　　　　　　　　　　　图 9-3　参数设置（1）

9.1.2　辅助光设置

（1）在【创建】面板中选择【灯光】面板，在【灯光类型】下拉列表中选择【V-Ray 灯光】选项，在【V-Ray 灯光】面板中创建一个片灯，如图 9-4 所示，并参照图 9-5 设置灯光的参数。

（2）继续在图 9-6 处创建 6 个泛光灯，作为补光，并参照图 9-7 设置灯光的参数。

（3）最终渲染效果图如图 9-8 所示。

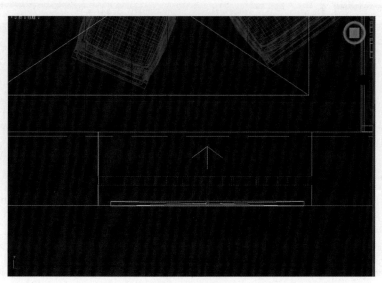

图 9-4　片灯　　　　　　　　　　　　图 9-5　参数设置（2）

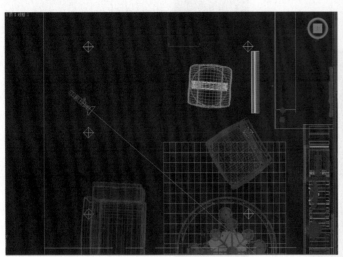

图 9-6　泛光灯

图 9-7　参数
设置（3）

图 9-8　整体效果

9.2　材质的制作

（1）沙发布参数设置如图 9-9 所示。

（2）沙发皮材质参数设置如图 9-10 所示。

（3）地板参数设置如图 9-11 所示。

（4）椅子木纹参数设置如图 9-12 所示。

（5）白墙参数设置如图 9-13 所示。

（6）顶木纹参数设置如图 9-14 所示。

（7）最终效果如图 9-15 所示。

图 9-9　沙发布参数设置

图 9-10　沙发皮参数设置

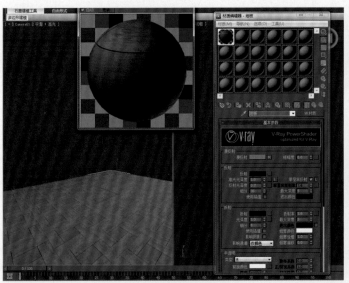

图 9-11　地板参数设置

图 9-12　木椅木纹参数设置

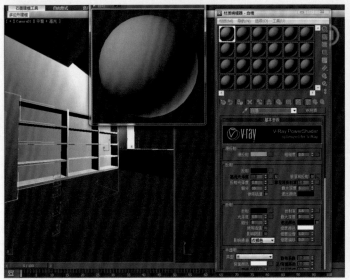

图 9-13　白墙参数设置

图 9-14　顶木纹参数设置

图 9-15　最终效果

◎ 本章小结

室内效果图讲究自然光与室内灯光相结合，而空间通透。不产生死黑是必须掌握技巧之一。

◎ 思考与实训

一、思考题

书房黄昏效果图的特征是什么？

二、实训题

试进行书房黄昏效果图表现。

第十章 | 作品欣赏

马乐作品

王志娟作品

王志娟作品

王志娟作品

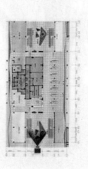

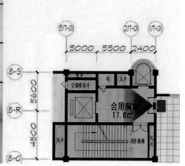

王志娟作品

张玉燕作品

参考文献

[1] 廖建民，彭国华. 3ds Max全面攻克[M]. 哈尔滨：哈尔滨工程大学出版社，2008.

[2] 火星时代. 3ds Max 8白金手册Ⅰ-Ⅲ[M]. 北京：人民邮电出版社，2007.

[3] 吴建伟，高志贵. 3ds Max室内设计与效果图制作实例详解[M]. 北京：中国铁道出版社，2005.

[4] 杨伟. 3ds Max 9效果图制作从新手到高手[M]. 北京：清华大学出版社，2008.

[5] 何凡. 3ds Max 9环境艺术设计表现实例教程[M]. 北京：中国水利水电出版社，2007.

[6] （美）Kelly L. Murdock. 3ds Max 8宝典[M]. 田玉敏，沈金河，译. 北京：人民邮电出版社，2007.